HUMEDALES PARA TRATAMIENTO

SERIE TRATAMIENTO BIOLÓGICO DE AGUAS RESIDUALES

La serie "Tratamiento biológico de aguas residuales" está basada en el libro *Biological Wastewater Treatment in Warm Climate Regions* y otros libros de gran éxito. Esta versión internacional está compuesta de siete libros que ofrecen una presentación del estado del arte de la ciencia y la tecnología del tratamiento biológico de aguas residuales.

Los títulos de la serie Tratamiento biológico de aguas residuales son:

Volume 1: Wastewater Characteristics, Treatment and Disposal
Volume 2: Basic Principles of Wastewater Treatment

Volume 3: Waste Stabilisation Ponds
Volume 4: Anaerobic Reactors

Volume 5: Activated Sludge and Aerobic Biofilm Reactors
Volume 6: Sludge Treatment and Disposal

Volume 7: Treatment Wetlands (Humedales para tratamiento)

SERIE TRATAMIENTO BIOLÓGICO DE AGUAS RESIDUALES

VOLUMEN SIETE

HUMEDALES PARA TRATAMIENTO

Escrito por:

Grupo de trabajo de la IWA para la integración de humedales para tratamiento

Gabriela Dotro, Günter Langergraber, Pascal Molle, Jaime Nivala, Jaume Puigagut, Otto Stein, Marcos von Sperling.

Editado en castellano por:

Red panamericana de sistemas de humedales

Ismael L. Vera-Puerto, Carlos A. Arias.

IWA PUBLISHING

DESA UFMG

Publicado por IWA Publishing, Alliance House, 12 Caxton Street, London SW1H 0QS, UK

Teléfono: +44 (0) 20 7654 5500; Fax: +44 (0) 20 7654 5555; Email: publications@iwap.co.uk Website:

www.iwapublishing.com

Primera publicación 2017

Editado y copiado por Nova Techset, Chennai, India. Impreso

por Lightning Source

Catalogación de la Biblioteca Británica en Datos de Publicación (CIP)

Un registro de catálogo CIP para este libro está disponible en la Biblioteca Británica

Catalogación de la Biblioteca del Congreso en Datos de Publicación

Un registro de catálogo para este libro está disponible en la Biblioteca del Congreso

ISBN: 9781789062519 (paperback)

ISBN: 9781789062526 (ebook)

DOI: 10.2166/9781789062526

Este eBook fue hecho de libre acceso en Octubre de 2017

TABLA DE CONTENIDO

LISTADO DE ABREVIATURAS

Acrónimo	Texto completo
RAFP	Reactor anaerobio de flujo a pistón
Al	Aluminio
LA	Lodos Activados
DBO_5	Demanda bioquímica de oxígeno a los 5 días
Ca	Calcio
DQO	Demanda química de oxígeno
CSO	Vertedero de excesos
CSTR	Reactor Continuo de Mezcla Completa
OD	Oxígeno Disuelto
EPNAC	Evaluation des Procédés Nouveaux d'Assainissement des petites et moyennes Collectivités
ET	Evapotranspiración
Fe	Hierro
FS	Flujo libre o superficial
FH	Flujo subsuperficial horizontal
HLR	Tasa de Carga Hidráulica
TRH	Tiempo de retención hidráulica
FHSS	Flujo Horizontal Subsuperficial
LCA	Análisis de ciclo de vida
CCM	Celdas de Combustible Microbianas
N	Nitrógeno
$N\text{-}NH_4$	Nitrógeno del amonio
O&M	Operación y mantenimiento
P	Fósforo

Abreviaturas

PE	Persona Equivalente (Habitante equivalente, hab-eq)
MIP	Membrana de Intercambio de Protones
pH	Potencial of Hidrógeno
PLC	Controlador Lógico Programable
$P\text{-}PO_4$	Fósforo del fosfato
Redox	Oxidación-Reducción
SBR	Reactor de flujo secuencial
TIS	Tanques en serie
NTK	Nitrógeno Total Kjeldahl
NT	Nitrógeno Total
PT	Fósforo Total
ST	Sólidos Totales
SST	Sólidos Suspendidos Totales
HT	Humedal para tratamiento
UASB	Reactor anaerobio de flujo ascendente
UK	Reino Unido
USA	Estados Unidos de América
FV	Flujo Vertical
SV	Sólidos Volátiles

PRÓLOGO

El Libro "*Biological Wastewater Treatment in Warm Climate Regions*" fue escrito por Marcos von Sperling y Carlos Chernicharo, ambos de la Universidad Federal de Minas Gerais, Brasil. Fue publicado en 2005 por IWA Publishing, con el objetivo principal de presentar de forma balanceada la teoría y la práctica del tratamiento de aguas residuales, para realizar una selección consciente y práctica, del diseño y operación de los procesos. La teoría se considera esencial para el entendimiento y uso autónomo de los principios del tratamiento de aguas residuales. La práctica está asociada a la aplicación directa del material para la concepción, diseño y operación. Para garantizar la visión práctica y didáctica del libro, se incluyó una gran cantidad de ilustraciones, tablas de resumen y ejemplos de diseño. Además de ser utilizado como un libro guía en instituciones académicas, se pensó para ser un libro de referencia importante para profesionales en ejercicio como ingenieros, biólogos, químicos, y científicos ambientales, que se desempeñan en empresas consultoras, autoridades encargadas del agua y agencias ambientales.

Debido a que el libro fue muy grande (dos volúmenes, con un total aproximado de 1.500 páginas), se decidió dar otra alternativa a los lectores y publicarlo como una serie de libros. En 2007, el texto fue publicado por IWA Publishing como una serie de seis libros diferentes que abarcan la "*Serie Tratamiento biológico de aguas residuales*". Los títulos que comprenden esta serie, se enumeran en la portada y el prefacio de este libro.

Reconociendo que el contenido de los libros debería llegar a un público más amplio, especialmente en los países en desarrollo, que tienen más dificultades para comprar material internacional, los autores consultaron a IWA Publishing para hacer los libros disponibles para descarga libre, por cualquier persona, en cualquier parte. Este formato de libre acceso para un libro fue una iniciativa pionera dentro de IWA Publishing, reconociendo su alcance global y la importancia de apoyar las iniciativas de saneamiento en los países menos desarrollados. Desde el 2013, tanto el libro "*Biological Wastewater Treatment in Warm Climate Regions*" como la "*Serie Tratamiento biológico de aguas residuales (Biological Wastewater Treatment Series)*" han estado disponibles para descarga libre. Los libros se pueden descargar en http://www.iwapublishing.com/open-access-ebooks/3567.

Durante este tiempo, los autores consideraron que a los libros les faltaba un contenido importante relacionado con los humedales construidos para el tratamiento de aguas residuales, un proceso muy importante para ambos, países desarrollados y en desarrollo, y para climas cálidos y templados. Fue muy afortunado cuando el *Grupo de trabajo de la IWA sobre la integración del uso de humedales para tratamiento* perteneciente al *Grupo de especialistas de la IWA sobre Sistemas de humedales para el control de la contaminación del agua* decidió agregar otro volumen a la serie. Con "*Humedales para tratamiento*", la serie de libros ahora comprende siete volúmenes. Un equipo de expertos en humedales para tratamiento preparó esta excelente contribución a la serie.

Este nuevo libro mantiene el mismo formato, enfoque y objetivos que los libros anteriores. Sin embargo, para mantener la coherencia con la literatura internacional sobre humedales para tratamiento y para facilitar al lector la referencia cruzada de diferentes fuentes, existen algunas diferencias (por ejemplo, en notación y nomenclatura). Este libro tiene una visión más global, cubriendo no sólo las regiones de clima cálido, sino también las regiones de climas templados y fríos, de donde se origina la mayor parte del conocimiento existente sobre investigación y aplicación de humedales para tratamiento.

Me gustaría extender un cálido agradecimiento a todos los involucrados en este nuevo proyecto. Estoy convencido de que esta nueva adición de libre acceso a la serie, brindará una contribución efectiva al sector de aguas residuales, y proveerá una difusión importante de esta tecnología de tratamiento a nivel mundial, con énfasis en los países cuya infraestructura de saneamiento depende en gran medida de tecnologías de tratamiento simples, efectivas y accesibles.

Marcos von Sperling

Coordinador de la Serie Tratamiento biológico de aguas residuales

(Biological Wastewater Treatment Series)

Agosto 2017

PRÓLOGO A LA VERSIÓN EN CASTELLANO

Los humedales para tratamiento han mostrado ser efectivos en el mejoramiento de la calidad de agua de diferentes tipos de residuos líquidos afectados por intervenciones antropogénicas. Dada esta realidad, y el potencial de aplicación que ofrece esta tecnología en América Latina y el Caribe, y en general en el mundo de habla castellana, la Red panamericana de sistemas de humedales trabaja para un mayor conocimiento y difusión de esta tecnología. En este sentido, en el año 2019, se propuso a la International Water Association (IWA), traducir al castellano la obra que hoy día se entrega. Este libro en su versión inglesa original es el volumen siete de la exitosa serie "Biological Wastewater Treatment" (Tratamiento Biológico de Aguas Residuales), editada por el profesor Marcos Von Sperling de la Universidad Federal de Minas Gerais (Brasil).

El Volumen 7 de la versión inglesa por su lenguaje y contenido, está dirigido para ser utilizado por estudiantes universitarios con conocimientos básicos en tratamiento de aguas residuales, así como también, por profesionales del área del tratamiento de aguas residuales, que ejercen en el sector público y privado. Tal como se presenta en la versión original en inglés, el Volumen 7 tiene como fin actualizar y ampliar el conocimiento de la tecnología. Al traducirla al castellano, esperamos permita una mejor adaptación y adopción de la tecnología, a usuarios castellano parlantes, y especialmente en América Latina, donde las condiciones de saneamiento respecto al tratamiento de aguas residuales, son hoy día una signatura pendiente, y en el que, los humedales para el tratamiento pueden jugar un papel importante en su solución.

Agradecemos a la IWA por su buena recepción y apoyo a la propuesta de traducción, y especialmente, por hacerlo accesible a todos, a través de su política "Open Access". También, agradecemos a los autores de la versión inglesa, por la iniciativa de generar material bibliográfico de alta calidad, y que fue la base para esta versión castellana. Así mismo, agradecer el esfuerzo de los colegas de diferentes países, quienes, de forma desinteresada, con la mejor recepción y compromiso, aceptaron el desafío de trabajar en el proceso de traducción de esta obra. Finalmente, agradecer a la Universidad Católica del Maule y a la Universidad de Aarhus y a nuestras familias, quienes nos han apoyado de forma generosa, no solo en la realización de este trabajo, sino en el trabajo de varios años con esta tecnología.

Esperamos este documento contribuya a ampliar el conocimiento de los humedales para tratamiento de aguas contaminadas, que redunde en el uso adecuado de la tecnología, que actualice en el conocimiento de la tecnología a nuestros colegas castellano parlantes y que resulte en ampliar el uso de la tecnología para mejorar la calidad de aguas contaminadas, el medio ambiente y aportar a los objetivos de desarrollo sostenible de las Naciones Unidas.

Ismael L. Vera-Puerto

Universidad Católica del Maule, Chile

Carlos A. Arias

Universidad de Aarhus, Dinamarca

Editores de la versión en castellano

Noviembre, 2020

PREFACIO

Este volumen ha sido definido para ser una adición a la serie Tratamiento biológico de aguas residuales que está disponible como eBook gratuito en línea en la web de IWA Publishing: http://www.iwapublishing.com/open-access-ebooks/3567. La serie ahora contiene siete volúmenes:

1. Wastewater Characteristics, Treatment and Disposal
2. Basic Principles of Wastewater Treatment
3. Waste Stabilisation Ponds
4. Anaerobic Reactors
5. Activated Sludge and Aerobic Biofilm Reactors
6. Sludge Treatment and Disposal
7. Treatment Wetlands (humedales para tratamiento)

El público objetivo de este volumen sobre humedales para tratamiento son estudiantes universitarios con conocimientos básicos sobre tratamiento biológico de aguas residuales, así como también, profesionales que buscan información general sobre el uso de los humedales para tratamiento. Este volumen se centra en los principales tipos de humedales para aplicarse al tratamiento de agua residual doméstica y no busca reemplazar ninguno de los actuales textos guía, que incluyen:

- Kadlec R.H. and Wallace S.D. (2009) *Treatment Wetlands, Second Edition.* CRC Press, Boca Raton, FL, USA.
- Vymazal J., and Kröpfelová L. (2008) *Wastewater Treatment in Constructed Wetlands with Horizontal Sub-Surface Flow.* Springer: Dordrecht, The Netherlands.
- Wallace S.D., and Knight R.L. (2006) *Small-scale constructed wetland treatment systems: Feasibility, design criteria, and O&M requirements.* Final Report, Project 01-CTS-5, Water Environment Research Foundation (WERF), Alexandria, Virginia, USA.
- Kadlec, R.H., and Knight R.L. (1996) *Treatment Wetlands.* CRC Press, Boca Raton, FL, USA.

Los autores de este volumen agradecen a Tom Headley por escribir la sección 8.4 (humedales flotantes). Jan Vymazal es amablemente reconocido por proveer material para la sección 3.5 (estudio de caso, Humedales de flujo subsuperficial horizontal). Karin Tonderski es amablemente reconocida por proveer material para la sección 7.4 (humedales de flujo libre)

Los autores también agradecen a los revisores miembros del Grupo de especialistas de la IWA "Sistemas de humedales para el control de la contaminación del agua" por su apoyo y retroalimentación.

LISTADO DE AUTORES

Autores:

Grupo de trabajo de la IWA para la integración de humedales para tratamiento

Gabriela Dotro, Cranfield University, Reino Unido
Günter Langergraber, BOKU University Vienna, Austria
Pascal Molle, IRSTEA, Francia
Jaime Nivala, Helmholtz Center for Environmental Research – UFZ, Alemania
Jaume Puigagut, UPC Barcelona, España
Otto Stein, Montana State University, USA
Marcos von Sperling, Federal University of Minas Gerais, Brasil

Listado de revisores expertos:

Dirk Esser, SINT, Francia
Ana Galvão, Instituto Superior Técnico, Portugal
Fabio Masi, IRIDRA S.r.l., Italia
Clodagh Murphy, ARM Ltd, UK
Christoph Platzer, Rotária do Brasil Ltda., Brasil
Bernhard Pucher, BOKU University Vienna, Austria
Anacleto Rizzo, IRIDRA S.r.l., Italia
Diederik Rousseau, Ghent University, Bélgica
Alexandros Stefanakis, BAUER Resources GmbH, Alemania

LISTADO DE EDITORES Y TRADUCTORES

Editores de la versión castellana:

Red panamericana de sistemas de humedales

Ismael L. Vera-Puerto, Universidad Católica del Maule, Chile
Carlos A. Arias, Aarhus University, Dinamarca

Equipo principal de traducción:

Florentina Zurita, Universidad de Guadalajara, México
Diego Paredes, Universidad Tecnológica de Pereira, Colombia
Gabriela Dotro, Cranfield University, Reino Unido
Ismael L. Vera-Puerto, Universidad Católica del Maule, Chile
Carlos A. Arias, Aarhus University, Dinamarca

Equipo de apoyo a la traducción:
Luis Rojas, Universidad Católica del Maule, Chile
Carlos Andrés Ramírez Vargas, Aarhus University, Dinamarca

ESTRUCTURA DE ESTE VOLUMEN 7 SOBRE HUMEDALES PARA TRATAMIENTO

Capítulo 1 Visión general, que describe los principales diseños de humedales para tratamiento y aplicaciones consideradas en el contexto de este volumen.

Capítulo 2 Fundamentos de los humedales para tratamiento, que resume los fundamentos específicos de los humedales respecto a los procesos de eliminación de contaminantes y patógenos, el balance hídrico y energético, cinéticas de degradación y consideraciones de diseño.

Capítulo 3 Humedales de flujo subsuperficial horizontal, que introduce los humedales de FH mostrando sus principales aplicaciones, describiendo sus procesos principales, discutiendo acerca de su diseño, enumerando los requisitos de operación y mantenimiento, y proporcionando ejemplos de diseño y casos de estudio.

Capítulo 4 Humedales de flujo vertical, que describe los humedales de FV en forma similar como los humedales de FH en el capítulo previo.

Capítulo 5 Humedales de flujo vertical tipo francés, que presenta los humedales de FV tipo francés para tratar aguas residuales crudas (sin tratamiento previo).

Capítulo 6 Humedales intensificados, que presenta las principales formas de intensificación que comúnmente se aplican a los humedales para tratamiento, lo que incluye el uso de medios reactivos, la recirculación, alimentación secuencial, saturación parcial, y aireación.

Capítulo 7 Humedales de flujo libre, que describe a los humedales de FS, utilizados principalmente para tratamiento terciario cuando se tratan aguas residuales domésticas.

Capítulo 8 Otras aplicaciones, que describe otras aplicaciones de humedales para tratamiento además del tratamiento de aguas residuales domésticas, lo que incluye humedales de cero descarga, humedales para flujos del vertederos de excesos en alcantarillados combinados, humedales para tratamiento de lodos, humedales para tratamiento flotantes, celdas de combustible microbianas en humedales para tratamiento.

Capítulo 9 Aspectos adicionales, que describe aspectos importantes tales como modelos numéricos para los procesos de eliminación, eliminación de micro contaminantes, evaluación económica, y evaluación ambiental.

Referencias Incluye un listado completo de las referencias utilizadas en el texto.

1 VISIÓN GENERAL SOBRE LOS HUMEDALES PARA TRATAMIENTO

Los humedales para tratamiento son tecnologías de tratamiento naturales que tratan eficientemente una gran variedad de tipos de aguas contaminadas. Son sistemas diseñados para optimizar los procesos encontrados en ambientes naturales, por lo que se consideran opciones amigables con el ambiente y sustentables para el tratamiento de las aguas residuales. En comparación con otras tecnologías de tratamiento de aguas residuales, los humedales para tratamiento tienen bajos requerimientos de operación y mantenimiento (O&M) y son robustos en el sentido de que su rendimiento es menos susceptible a las variaciones de carga y concentración de contaminantes en el afluente. Con los humedales para tratamiento se puede eficientemente depurar aguas negras crudas, primarias, secundarias o terciarias y muchos tipos de aguas residuales agrícolas e industriales. Este volumen se enfoca sobre el tratamiento de aguas residuales domésticas utilizando humedales para tratamiento.

Los humedales para tratamiento pueden subdividirse en sistemas de flujo superficial y flujo subsuperficial. Aunque hay muchas variantes de humedales según la literatura, en este volumen se adopta un enfoque simple y se discuten principalmente cuatro humedales para tratamiento (Figura 1.1).

Los humedales para tratamiento de flujo subsuperficial se subdividen en humedales de flujo subsuperficial horizontal (FH) y humedales de flujo vertical (FV), dependiendo de la dirección del flujo de agua. Para evitar la colmatación del material filtrante poroso, los humedales de FH y FV se utilizan generalmente para el tratamiento secundario de las aguas residuales. Los humedales de FV también se han empleado y aplicado con éxito para el tratamiento de aguas residuales crudas sin tamizar (sin tratamiento primario). Los llamados humedales de FV tipo francés proporcionan tratamiento integrado de lodos y aguas residuales en un solo sistema y, por lo tanto, ahorran costos de construcción, ya que no se requiere un tratamiento primario de las aguas residuales. Los humedales de flujo libre (FS) (también conocidos como humedales de flujo superficial) son unidades densamente vegetadas, en las que el agua fluye por encima del lecho del material filtrante y expuesto a la atmósfera. En los humedales de flujo subsuperficial, el nivel del agua se mantiene debajo de la superficie de un medio filtrante poroso como arena o grava. Los humedales de FS se utilizan generalmente para el tratamiento terciario de aguas residuales.

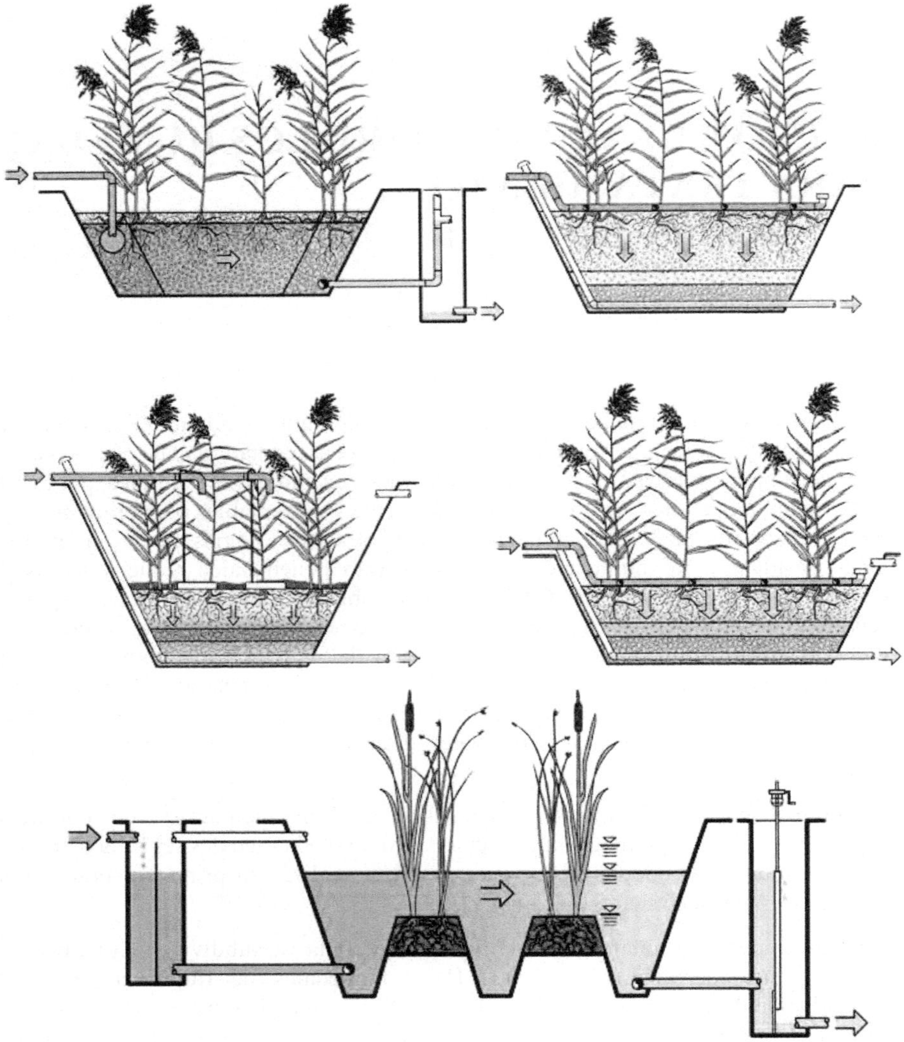

Figura 1.1 Esquemas generales de los humedales de tratamiento abordados en este volumen. Arriba a la izquierda: flujo horizontal; arriba a la derecha: flujo vertical; centro izquierda: flujo vertical tipo francés, primera etapa; centro derecha: flujo vertical tipo francés, segunda etapa; fondo: superficie libre de agua.

En la Tabla 1.1 se presenta un resumen de los cuatro tipos principales de humedales para tratamiento que se cubren en este volumen: Humedales de FH, humedales de FV, humedales verticales tipo francés (SF) y humedales de FS.

Tabla 1.1 Principales tipos de humedales de tratamiento que se abarcan en este volumen.

Tipo	**Descripción breve**
Humedales de FH	Las aguas residuales fluyen horizontalmente a través de un filtro de arena o grava, en el cual el nivel del agua se mantiene debajo de la superficie. Debido a la condición saturada de agua, se producen principalmente procesos de degradación anaerobia. Se requiere un tratamiento primario eficiente para eliminar la materia particulada para evitar la colmatación del filtro. Se utilizan plantas emergentes (macrófitas). Se utilizan para tratamiento secundario o terciario
Humedales de FV	Las aguas residuales se cargan de forma intermitente en la superficie del filtro y el agua percola verticalmente a través del filtro. Entre cargas, y una vez el agua ha sido drenada, el aire vuelve a entrar en los poros y satura el filtro de aire, de modo que se producen principalmente procesos de degradación aerobia. Se requiere un tratamiento primario eficiente para eliminar materia particulada para evitar la colmatación del filtro. Se utilizan macrófitas emergentes.
Humedales de FV tipo francés	Las aguas residuales se cargan de forma intermitente en la superficie del filtro y percola verticalmente a través del filtro, mientras retine la materia particulada en la superficie. Dos etapas de humedales que operan en serie y en paralelo. Proporcionan un tratamiento integrado de lodos y aguas residuales en un solo paso. No se requiere una unidad de tratamiento primario.
Humedales de FS	Son similares a los humedales naturales en apariencia. Requieren un área de superficie grande, generalmente sometidos a cargas de contaminantes son bajas. Se pueden usar varios géneros de plantas: a) emergente: *Typha, Phragmites, Scirpus*, (b) sumergida: *Potamogeon, Elodea*, etc, (c) flotante: *Eichornia* (hacinto de agua), *Lemna* (lenteja de agua). Se utilizan principalmente para tratamiento terciario

La Tabla 1.2 resume las eficiencias de eliminación que se pueden esperar para los diseños típicos de los cuatro tipos principales de humedales para tratamiento. Para cada uno de los cuatro tipos principales existe una gran cantidad de modificaciones que pueden resultar en eficiencias de eliminación más elevadas.

La Tabla 1.3 compara los requerimientos específicos del área de tratamiento por persona equivalente (hab-eq) de tecnologías seleccionadas para el tratamiento secundario de aguas residuales domésticas. Cabe señalar que las tecnologías enumeradas en la Tabla 1.3 no dan como resultado la misma calidad de efluente. Las lagunas anaerobias y los reactores anaerobios de flujo ascendente (UASB) no se usan con frecuencia en climas templados para el tratamiento de aguas residuales domésticas, pero tienen una aplicación más amplia en climas más cálidos.

Tabla 1.2 Eficiencias de eliminación típicas de los principales tipos de humedales para tratamiento.

Parámetro	**FH**	**FV** [a]	**FV tipo francés**	**FS**
Etapa de tratamiento (aplicación principal)	Secundario	Secundario	Combinado primario y secundario	Terciario
Sólidos suspendidos totales	> 80%	> 90%	> 90%	> 80%
Materia orgánica (medido como demanda de oxígeno)	> 80%	> 90%	> 90%	> 80%
Nitrógeno amoniacal	20 – 30%	> 90%	> 90%	> 80%
Nitrógeno Total	30 – 50%	< 20%	< 20%	30 – 50%
Fósforo total (a largo plazo)	10 – 20%	10 – 20%	10 – 20%	10 – 20%
Coliformes	2 $\log_{10}$	2 – 4 $\log_{10}$	1 – 3 $\log_{10}$	1 $\log_{10}$

[a] Lecho de FV etapa simple, capa principal de arena (granulometría de Ø 0,06-4 mm).

Tabla 1.3 Requerimientos de terreno para algunas tecnologías de tratamiento de aguas residuales como tratamiento secundario, en climas cálidos a templados.

Tecnología de tratamiento	**Requerimiento de área** (m^2/ hab-eq)
Laguna facultativa [a]	2,0 – 6,0
Laguna Anaerobia + facultativa [a]	1,2 – 3,0
Reactor UASB [a]	0,03 – 0,10
Lodos activados, SBR [a]	0,12 – 0,30
Filtros percoladores	0,15 – 0,40
Humedales de FH [b]	3,0 – 10,0
Humedales de FV [b]	1,2 – 5,0
Humedales verticales tipo francés [c]	2,0 – 2,5

[a] (von Sperling, 2007a)
[b] Para climas cálidos (Hoffmann *et al.*, 2011) y templados (Kadlec y Wallace, 2009)
[c] Para climas templados (Molle *et al.*, 2005)

En comparación con otros sistemas de tratamiento, los humedales tienen un mayor requerimiento de terreno, pero menos requerimiento de energía externa y O&M. Si la pendiente del terreno lo permite, los humedales para tratamiento pueden operar sin bombas y, por lo tanto, sin ningún aporte de energía externa. Como todos los sistemas extensivos, los humedales para tratamiento son robustos y tolerantes con respecto a las variaciones en el flujo y la concentración de contaminantes del afluente. Los humedales para tratamiento son, por lo tanto, particularmente adecuados para su uso como pequeños sistemas de tratamiento descentralizados.

2 FUNDAMENTOS DE LOS HUMEDALES PARA TRATAMIENTO

2.1 PROCESO DE ELIMINACIÓN DE CONTAMINANTES Y PATÓGENOS

Los humedales para tratamiento son sistemas complejos de tratamiento de aguas residuales que poseen un conjunto diverso de vías para eliminar patógenos y contaminantes. A diferencia de otros sistemas convencionales de tratamiento de aguas residuales donde el proceso de eliminación se optimiza por una serie de operaciones unitarias separadas y diseñadas para un propósito especifico, múltiples vías de eliminación se llevan a cabo de forma simultánea en uno o dos reactores. Las plantas juegan varios roles importantes en los humedales para tratamiento. Ante todo, sus raíces y rizomas proporcionan superficie para el crecimiento de biopelículas microbianas las cuales aumentan la actividad biológica por unidad de área en comparación con los sistemas de aguas abiertas tales como los lagunajes. Adicionalmente, dispersan el flujo de agua, limitan los cortos circuitos hidráulicos y también pueden aportar pequeñas cantidades de oxígeno y compuestos de carbono orgánico en la matriz de enraizamiento, sustentando procesos microbianos aerobios y anóxicos (y facultativos). De hecho, una característica única de los HT es su capacidad para soportar un consorcio diverso de bacterias; se pueden encontrar microorganismos aerobios estrictos, facultativos y anaerobios estrictos, debido a los diversos gradientes redox, siendo un factor que contribuye al rendimiento robusto de un HT. La distribución heterogénea de las condiciones redox dentro de un HT es causada por varios factores, especialmente la presencia del sistema de raíces de las macrófitas, y en FV y otros sistemas, por las fluctuaciones en el nivel del agua que como consecuencia de los regímenes de flujo cíclicos. Las principales vías de eliminación dentro de los HTs se enumeran para compuestos específicos en la Tabla 2.1

Tabla 2.1 Principales mecanismos para la eliminación de contaminantes y patógenos en humedales para tratamiento.

Parámetro	**Mecanismo de eliminación principal**
Sólidos suspendidos	Sedimentación, filtración
Materia orgánica	Sedimentación y filtración para la eliminación de materia orgánica particulada, degradación biológica (aerobia y/o anaerobia) para la eliminación de materia orgánica disuelta
Nitrógeno	Amonificación y posterior nitrificación y desnitrificación, asimilación por la vegetación y exportación mediante la recolección de biomasa
Fósforo	Reacciones de adsorción-precipitación impulsadas por propiedades del medio filtrante, asimilación por vegetación y exportación mediante la recolección de biomasa
Patógenos	Sedimentación, filtración, muerte natural, depredación (realizada por protozoos y metazoos)

Materia orgánica

La materia orgánica puede clasificarse y medirse de muchas maneras, tal como se describe en capítulos anteriores tanto en el Volumen 1 como en el Volumen 2 (von Sperling, 2007a; von Sperling, 2007b) de esta serie. La materia orgánica particulada y la materia orgánica soluble son consideradas como afluentes. Los mecanismos de eliminación para materia orgánica particulada y soluble difieren y dependen del diseño del humedal para tratamiento. Generalmente, la Demanda Química de Oxigeno (DQO) se usa como principal método analítico para medir la materia orgánica, sin embargo, la Demanda Bioquímica de Oxígeno (DBO_5) a los 5 días (carbonácea) también se puede utilizar. Los mecanismos básicos para la materia orgánica disuelta son las vías microbianas descritas en los Capítulos 2 y 3 del Volumen 2 (von Sperling, 2007b), pero a diferencia de la mayoría de los sistemas para tratamiento de aguas residuales, se pueden utilizar varias vías dentro de diferentes micrositios del mismo reactor de humedal.

Materia orgánica particulada

La materia orgánica particulada que ingresa con las aguas residuales afluentes es retenida principalmente por procesos físicos como la filtración y la sedimentación. Las partículas retenidas se acumulan y se someten a hidrólisis, generando una carga adicional de compuestos orgánicos disueltos que pueden hidrolizarse o degradarse aún más dentro del lecho del humedal. La acumulación de materia orgánica particulada en el medio granular es una característica típica de los humedales para tratamiento de flujo subsuperficial y es uno de los principales factores que contribuye al problema operativo de colmatación en estos sistemas. Otras fuentes de materia orgánica particulada incluyen el crecimiento de biopelículas y la acumulación de detritos de plantas y bacterias. La contribución relativa de las diversas fracciones de la acumulación de materia orgánica particulada, depende de la carga de aguas residuales aplicadas y de las propiedades de plantas y biopelículas que crecen en el sistema. En general, la acumulación de materia orgánica particulada en los humedales para tratamiento de flujo subsuperficial es mucho mayor que la tasa de carga de partículas afluentes, lo que indica que otros materiales (como el material vegetal muerto), contribuyen a la retención de materia orgánica particulada dentro del lecho de tratamiento.

Materia orgánica soluble

Las vías microbianas específicas para la eliminación de materia orgánica soluble se discutieron en el Capítulo 3 del Volumen 2 (von Sperling, 2007b). Para recordar, las bacterias inducen una reacción química en la que los electrones se transfieren de la materia orgánica (el donante de electrones) a un compuesto específico (el receptor de electrones), y en el proceso, liberan energía para el crecimiento celular. La vía específica usualmente está definida por el aceptador de electrones. Las principales vías activas en los humedales para tratamiento, enumeradas en disminución de la liberación de energía incluyen: respiración aerobia, con oxígeno como aceptor de electrones, y dióxido de carbono como producto principal; desnitrificación, con nitrato y nitrito como aceptor de electrones, y nitrógeno gas junto a dióxido de carbono como productos principales; sulfato reducción, con sulfato como aceptor de electrones, y sulfuro y dióxido de carbono como productos principales; y metanogénesis, en la que la materia orgánica es simultáneamente el donante y receptor de electrones, y dióxido de carbono y metano son los productos principales. Cada vía tiene un potencial redox óptimo y, por lo tanto, puede estar activa en diferentes lugares dentro del mismo humedal, ya que hay fuertes gradientes redox en función del nivel de saturación, y la distancia desde la superficie del agua y de las raíces de las plantas, que van desde fuertemente anaeróbico (menos de - 100 mV) a completamente aeróbico (mayor que +400 mV).

Respiración microbiana aerobia

Muchas bacterias heterótrofas utilizan el oxígeno como aceptor terminal de electrones, y debido a que es la vía con el rendimiento energético más alto, estas bacterias dominan cuando el oxígeno está disponible. La mayoría de las bacterias heterotróficas son facultativas, lo que significa que también pueden usar nitrato o nitrito como aceptores de electrones cuando el oxígeno es limitante. La disponibilidad de oxígeno varía considerablemente entre las diferentes configuraciones de humedales. La mayoría de los humedales de FV funcionan con carga superficial intermitente y por pulsos, aireando pasivamente el lecho entre pulsos, y aumentando la presencia de oxígeno en el agua. Por lo tanto, la respiración aerobia es la vía de eliminación dominante en los sistemas de FV. Los humedales de FH generalmente están completamente saturados a unos pocos centímetros de la superficie. En los humedales de FH, solo hay unas pocas fuentes de oxígeno (a) aportes del afluente; (b) reaireación física de la superficie, y (c) aportes de las plantas (transporte desde la atmósfera a la zona radicular). La demanda de oxígeno de las aguas residuales domésticas típicas es muy superior a la suma de todas estas entradas, por lo tanto, aunque indudablemente se producen ciertas respiraciones heterótrofas, especialmente cerca de las raíces de las plantas, otras vías suelen ser dominantes. La reaireación de la superficie es mayor en FS que en los humedales de FH debido a la superficie abierta del agua presente en FS, y si bien es posible una mayor actividad heterotrófica, es probable que dominen procesos energéticamente menos favorables, especialmente en y cerca de los sedimentos en el fondo.

Desnitrificación

La desnitrificación es la reducción mediada biológicamente de nitrato a gas nitrógeno, a través de varios pasos intermedios, en ausencia de oxígeno molecular disuelto. Bajo estas condiciones anóxicas y cuando hay nitrato disponible, la desnitrificación puede ser una vía de degradación de materia orgánica predominante en los HT, especialmente en los humedales de FH (García *et al.*, 2004). Se ha demostrado que la desnitrificación representa una fracción importante de la eliminación total de carbono orgánico en los humedales de FH (Baptista *et al.*, 2003). Sin embargo, la disponibilidad de nitrato a menudo es un problema, ya que generalmente no está presente en cantidades considerables en el afluente y no puede generarse por nitrificación autotrófica hasta que suficiente materia orgánica se haya eliminado.

Sulfato reducción

El sulfato es un componente común de muchos tipos de aguas residuales y puede ser utilizado como un receptor terminal de electrones por un gran grupo de microorganismos heterotróficos anaerobios. El producto principal es el sulfuro, que es una fuente de malos olores y puede causar la inhibición tanto de las actividades microbianas como del crecimiento de las plantas (Wießner *et al.*, 2005). Por otro lado, la mayoría de los sulfuros metálicos son altamente insolubles, y la sulfato reducción es un mecanismo importante de eliminación de metales en los HT. La sulfato-reducción puede ser una vía de eliminación de materia orgánica muy importante, representando una fracción considerable de la eliminación total de DQO en un humedal de tratamiento de FH (García *et al.*, 2004).

Metanogénesis

La metanogénesis es una reacción microbiana anaerobia en la que la materia orgánica se oxida a dióxido de carbono y se reduce a metano. Si bien no es un mecanismo de eliminación estricto en términos de DQO, la baja solubilidad del metano en agua elimina efectivamente la materia orgánica mediante la desgasificación del metano. Las condiciones redox requeridas para la metanogénesis son muy similares a las requeridas para la sulfato-reducción. Además, los metanógenos y los reductores de sulfato utilizan sustratos orgánicos similares (como el ácido acético y el metanol). Cuando la relación DQO-sulfato (expresada como DQO: S) es inferior a 1,5, las bacterias reductoras de sulfato generalmente superan a los metanógenos y cuando la relación es mayor que seis, predominan los metanógenos (Stein *et al.*, 2007a). A relaciones intermedias, los dos procesos ocurren a menudo de forma simultánea y, a menos que los productos sean motivo de preocupación, el efecto neto sobre la eliminación de materia orgánica puede combinarse.

Nitrógeno

El nitrógeno existe en muchas formas y varios procesos interrelacionados lo convierten de una forma a otra en un sistema complejo llamado ciclo del nitrógeno. El nitrógeno ingresa a la mayoría de los humedales para tratamiento primario y secundario como N orgánico y amonio ($N\text{-}NH_4$), y los sistemas terciarios, reciben una mezcla de especies de nitrógeno, incluyendo nitrato. En la mayoría de los humedales se espera y/o se exige cierto nivel de transformación de nitrógeno antes de la descarga del efluente final al cuerpo de agua. En muchos casos, se espera la conversión a nitrato, una forma menos tóxica de nitrógeno, pero cada vez más legislaciones exigen la eliminación de nitrógeno total (NT) de las aguas residuales (total o parcial). Prácticamente todas las vías del ciclo del nitrógeno están activas en los humedales para tratamiento, incluida la mineralización (amonificación), la volatilización de amoníaco, nitrificación, desnitrificación, asimilación por plantas y bacterias, fijación de nitrógeno, reducción de nitrato, oxidación anaerobia del amonio, adsorción, desorción, sedimentación y lixiviación (Vymazal, 2007). Sin embargo, se cree que solo algunas de estas vías contribuyen significativamente a la transformación del nitrógeno y a los mecanismos de eliminación importantes en el tratamiento de aguas residuales. Es ampliamente aceptado que las transformaciones microbianas del nitrógeno comúnmente inducidas en otros sistemas de tratamiento de aguas residuales dominan en los humedales para tratamiento, junto con la sorción y asimilación por vegetación, que también están presentes en un grado limitado. La contribución de cada vía de transformación del nitrógeno se ve afectada por el tipo de humedal para tratamiento, la tasa de carga aplicada, el tiempo de retención hidráulica (TRH), la temperatura, el tipo de vegetación y las propiedades del medio (Kuschk *et al.*, 2003; Akratos y Tsihrintzis, 2007). Los procesos más críticos se destacan en esta sección.

Amonificación

La amonificación consiste en la conversión de N orgánico en amonio a través de la actividad extracelular de enzimas excretadas por microorganismos (Vymazal, 2007). La amonificación se considera un primer paso necesario para la conversión y/o eliminación de nitrógeno a nitrato, pero rara vez es un paso limitante para la posterior eliminación de NT.

Nitrificación

La nitrificación es la oxidación de amonio a nitrato, facilitada por un consorcio bacteriano autótrofo con nitrito como un producto intermedio. Para que el proceso tenga lugar, los microorganismos, el oxígeno, la alcalinidad y los micronutrientes deben estar presentes en las aguas residuales. Los nitrificadores autótrofos suelen ser microorganismos de crecimiento más lento que los heterótrofos aerobios y, por lo tanto, pueden no competir o perder, en presencia de materia orgánica fácilmente biodegradable. Una ventaja importante de los humedales de FV es su alta capacidad de oxigenación y, por lo tanto, su capacidad para nitrificar. Puede ocurrir cierta nitrificación en los sistemas de FH, especialmente cuando la carga de materia orgánica es baja, pero la nitrificación es a menudo un paso limitante para la eliminación de nitrógeno total en los sistemas de FH. La nitrificación por si sola es un proceso de conversión y no da como resultado la eliminación de nitrógeno, a menos que esté adecuadamente acoplada a la desnitrificación.

Desnitrificación

La desnitrificación se discutió como un mecanismo de eliminación de carbono orgánico, pero es vital para la eliminación efectiva de nitrógeno, ya que convierte el nitrato a nitrógeno gas, que es luego liberado a la atmósfera. La desnitrificación a menudo es difícil de lograr en los humedales para tratamiento secundario (y en la mayoría de los sistemas de tratamiento de aguas residuales) porque el proceso de nitrificación suele ser un requisito previo para convertir el amoníaco del afluente en nitrato, proceso que no puede tener lugar, hasta que suficiente carbono orgánico sea consumido. Esto puede dar como resultado insuficiente materia orgánica residual para la desnitrificación. El alto potencial de oxigenación de los sistemas FV los hace pobres en la desnitrificación, ya que el proceso requiere anoxia para terminar en la generación de nitrógeno gas. La mayoría de los sistemas de FH desnitrifican todo el nitrato que se puede crear dentro si, si se usa para el tratamiento secundario, mientras que la desnitrificación parcial es más común en los sistemas terciarios. Por lo tanto, los humedales de FV generalmente eliminan poco NT, pero tienen altas concentraciones de nitrato en el efluente. Los humedales de FH pueden eliminar NT hasta cierto punto, pero el efluente aún puede contener altas concentraciones de nitrógeno del amonio. Los factores ambientales que influyen en las tasas de desnitrificación incluyen el nivel de oxígeno disuelto (OD), el pH, el potencial redox, el tipo de medio de soporte, y la concentración de materia orgánica, entre otros.

Ad-Absorción

El amonio es un catión y, por lo tanto, se adsorbe fácilmente en las partículas de los medios dentro de los humedales para tratamiento. La adsorción puede ser cercana al 100% en la zona aledañas al afluente y por tiempo limitado durante la puesta en marcha de un sistema de humedal. Sin embargo, la capacidad de adsorción de todos los medios es finita y una vez que el adsorbente esté saturado, la adsorción adicional es limitada (Vymazal, 2007). La capacidad está controlada por el diámetro de la partícula adsorbente y la composición química. La capacidad de adsorción suele ser menor para las partículas de arena y grava típicas en los humedales para tratamiento que para los suelos naturales, porque la superficie disponible por unidad de volumen de humedal es comparativamente pequeña. Se pueden usar medios específicos con una mayor capacidad de adsorción de amonio, como la zeolita, y así prolongar la capacidad de adsorción del sistema.

Aunque la ad-absorción es un mecanismo de eliminación menor, puede ayudar al proceso de eliminación por nitrificación-desnitrificación en HT que se cargan de manera intermitente, almacenando temporalmente amonio, dando el tiempo para que los heterótrofos consuman la mayor parte de la materia orgánica, y luego exponiendo el amonio adsorbido al oxígeno durante el período de descanso. Así, la nitrificación puede tener lugar. Con la siguiente aplicación, el nitrato puede reaccionar con la nueva dosis de materia orgánica, permitiendo que tenga lugar la desnitrificación, y restaurando el sitio de sorpción para una nueva molécula de amonio. Para que este mecanismo domine la operación de sistemas intermitentes como los humedales de FV, se requieren capacidades de absorción extremadamente altas o tasas de carga muy bajas.

Asimilación por vegetación

Un concepto erróneo es que las plantas eliminan la mayor parte del nitrógeno en los humedales para tratamiento. Las macrófitas emergentes almacenan nitrógeno en sus tejidos y la asimilación por la vegetación resulta en eliminación de nitrógeno que varía desde 0,2 a 0,8 g $N/m^2 \cdot d$, dependiendo de la especie de macrófita considerada

(Vymazal, 2007). Parte de este nitrógeno almacenado puede eliminarse mediante la cosecha periódica de la biomasa foliar (tejido superficial), sin embargo, más de la mitad del nitrógeno asimilado por la planta puede almacenarse en el tejido subterráneo (raíces), y el tiempo es importante, ya que las plantas translocan nitrógeno entre el tejido superficial y subterráneo dependiendo de la temporada. La cosecha es también un costo operativo, y su rentabilidad es cuestionable, a menos que el sistema esté ligeramente cargado. Si las plantas no se cosechan, no se produce una eliminación neta de nitrógeno, porque durante su descomposición final se libera el nitrógeno que ha sido almacenado en el tejido vegetal.

Fósforo

El fósforo ingresa a la mayoría de los humedales para tratamiento principalmente como fósforo orgánico y ortofosfato, pero la mayoría del fósforo orgánico se convierte en ortofosfato como parte de la degradación de materia orgánica. Los mecanismos que juegan un papel en la eliminación de fósforo en los humedales para tratamiento incluyen precipitación química, sedimentación, adsorción y asimilación por vegetación y bacterias. Desafortunadamente, la mayoría de estos procesos son lentos o no están activos, a menos que se utilicen medios especiales para mejorar los procesos abióticos. Al igual que con el nitrógeno, las plantas incorporan fósforo en su biomasa, pero esto puede ser un mecanismo de eliminación solo si las plantas se cosechan y, por lo tanto, está sujeto a las mismas limitaciones que la asimilación de nitrógeno por las plantas.

La efectividad de los humedales para tratamiento en la eliminación de fósforo está determinada por la tasa de carga aplicada. En sistemas de FS muy poco cargados, como el pulido de efluentes, la eliminación de fósforo puede ser satisfactoria, debido principalmente a la acumulación en el suelo (sedimentación y coprecipitación con otros minerales). Para el tratamiento de aguas residuales secundarias típicas, utilizando sistemas de FV y FH, la eliminación es generalmente bastante modesta, una vez que la capacidad de adsorción de los medios está saturada. Se ha realizado investigación considerable para encontrar medios con altas capacidades de adsorción de fósforo con cierto éxito. Estos materilaes que se usan como filtro, se denominan medios reactivos (consulte la Sección 6.2). Como todos los rellenos, los medios reactivos tienen una capacidad finita, sin embargo, es posible retrasar la saturación a un período de años, lo que puede ser adecuado en ciertas situaciones. Otra opción es utilizar un filtro adicional, externo y sin plantar, en el que los medios reactivos se puedan reemplazar periódicamente, sin perder la capacidad de eliminación de otros constituyentes en las unidades aguas arriba. Este filtro de sacrificio generalmente se deja sin plantar para facilitar el reemplazo del material una vez que alcanza su capacidad de sorción. Un enfoque común, es dosificar coagulantes químicos (a base de hierro o aluminio) para que reaccionen con el fósforo y en una estructura externa (no dentro del humedal!) retener cualquier sólido precipitado residual (Brix y Arias, 2005; Lauschmann *et al.*, 2013; Dotro *et al.*, 2015).

Patógenos

La eliminación de patógenos en los HT es extremadamente compleja debido a la variedad de procesos que pueden conducir a la eliminación o inactivación de bacterias, virus, protozoos o parásitos. La tecnología de humedales para tratamiento necesarios para eliminar organismos patógenos. Los factores incluyen una combinación adecuada de mecanismos físicos, químicos y biológicos, que con respecto a los físicos incluyen filtración y sedimentación, y los factores químicos incluyen oxidación y adsorción a la materia orgánica. Los mecanismos de eliminación biológica incluyen la liberación de oxígeno y la actividad bacteriana en la zona de la raíz (rizosfera), así como la agregación y retención en biopelículas, muerte natural, predación y competencia por nutrientes limitantes u oligoelementos.

La mayoría de la información disponible sobre la capacidad de los humedales para tratamiento para eliminar patógenos se centran en organismos indicadores fecales; hay menos información disponible sobre bacterias específicas, virus, ovocitos de protozoos y otros parásitos como los huevos de helmintos. La eliminación de organismos indicadores en los humedales para tratamiento depende del tipo de sistema de humedal, las condiciones operativas y las características de las aguas residuales afluentes. En general, se acepta que los diseños convencionales de humedales para tratamiento del tipo subsuperficial pueden eliminar hasta 3 Unidades Logarítmicas (log_{10}) de indicadores de bacterias fecales, pero aún se desconoce la importancia relativa de los mecanismos de eliminación específicos.

2.2 BALANCES DE AGUA Y ENERGÍA

Consideraciones del balance de agua y energía deben realizarse para cualquier unidad de tratamiento de aguas residuales. Si bien, los conceptos fundamentales del balance de masas y la hidráulica de reactores fueron presentados en el Capítulo 2 del Volumen 2 de esta serie de libros (von Sperling, 2007b), y no cambian, esta sección pretende resaltar cómo las características exclusivas de un humedal para tratamiento afectan estos balances. La gran área superficial de la mayoría de los humedales para tratamiento requiere la consideración del flujo de agua, además, del flujo de entrada y salida del sistema. Los humedales para tratamiento comparten esta característica con los lagunajes para tratamiento de aguas residuales, pero las macrófitas alteran la magnitud de algunos flujos. A menudo es conveniente separar estos flujos, del flujo de aguas residuales, tomando prestada la terminología del campo de la hidrología. La gran escala de un humedal para tratamiento también hace que sea prudente evaluar el flujo de agua dentro del humedal por separado de la hidráulica del reactor que se analiza en la Sección 2.3. Finalmente, el flujo de energía entre el humedal y su entorno es importante para algunos flujos hidrológicos y para evitar el congelamiento durante la operación invernal en regiones frías. Este capítulo analiza la hidrología, la hidráulica y los equilibrios de energía específicos en los humedales para tratamiento.

Balance hídrico

Los humedales para tratamiento a menudo se usan para tratar las aguas pluviales o el exceso de aguas residuales domésticas durante eventos de lluvia aportadas por los vertederos de excesos en alcantarillados combinados. La importancia de un balance hídrico adecuado para un diseño es obvia en estos casos, ya que la mayoría del agua en el humedal está respondiendo a la lluvia que cae remotamente. Pero el balance hídrico debe considerarse incluso en los casos en que el humedal para tratamiento está diseñado para tratar exclusivamente aguas residuales domésticas. Hay varios flujos o caudales de agua que deben considerarse además del afluente y el efluente, como se muestra en la Figura 2.1.

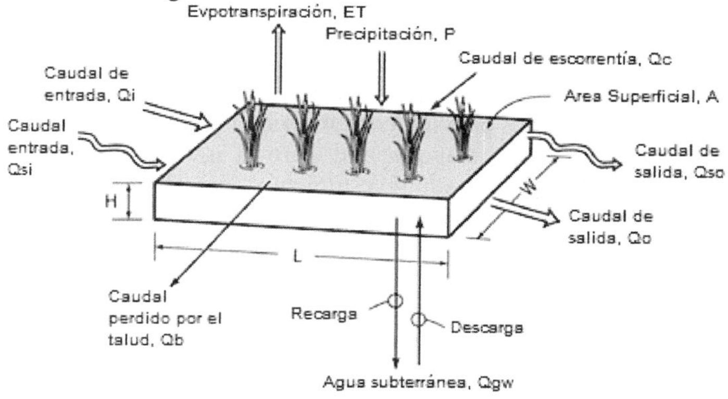

Figure 2.1 Flujos de agua en un humedal para tratamiento. Reimpreso con permiso de Kadlec y Wallace (2009).

Un balance hídrico está representado por la Ecuación 2.1 (Kadlec y Wallace, 2009)

$$Q_i - Q_o + Q_c - Q_b - Q_{gw+}Q_{sm} + (PxA) - (ETxA) = \frac{dV}{dt} \qquad (2.1)$$

donde:

A = superficie del humedal, m^2

ET = tasa de evapotranspiración, m^3/d

P = tasa de precipitación, m/d

Q_b= caudal perdido por el talud, m^3/d

Q_c= caudal de escorrentía, m^3/d

Q_{gw} = caudal de infiltración de agua subterránea, m^3/d

Q_i= caudal de entrada de aguas residuales, m^3/d

Q_o= caudal de salida de aguas residuales, m^3/d

Q_{sm}=caudal de deshielo, m^3/d

t = tiempo, d

V = volumen de agua en el humedal m^3

Se debe tener en cuenta que la notación usada aquí es ligeramente diferente de la adoptada en los libros previos de esta serie. Sin embargo, se decidió mantenerlos como tales, para que sean compatibles con la literatura clásica de humedales, y facilitar al lector la referencia cruzada de diferentes fuentes. Por ejemplo, afluente

y efluente aquí se denotan con los subíndices "i" y "o", que significa "entrada (*del inglés input*)" y "salida (*del inglés output*)", p.ej. Q_i y Q_o. En los otros volúmenes de esta serie de libros, estos se tratan como Q_0 y Q_e ("0" significa cero, o entrada, y "e" para efluente).

Se deben usar unidades consistentes, con especial consideración a los caudales que generalmente se presentan como volumen por unidad de tiempo (p. ej., m^3/d), mientras que los otros flujos generalmente se presentan como volumen por área de superficie por unidad de tiempo (o longitud por unidad de tiempo, p.ej. m^3/m^2 o m/d). El objetivo principal del diseño es garantizar que el humedal mantenga un nivel de agua entre un mínimo y un máximo. Como la mayoría de los humedales para tratamiento están revestidos para impermeabilizar el fondo, la infiltración en el suelo y por los taludes suele ser insignificante, pero la infiltración puede ser un flujo importante en los humedales sin revestimiento. En tales escenarios, la tasa de infiltración de agua subterránea Q_w también puede ser (estacionalmente) positiva, donde la capa freática sube e ingresa al humedal. Los registros de precipitación generalmente están disponibles para cualquier lugar. Durante el proceso de diseño, es clave elegir la duración adecuada del período de lluvia extrema y los períodos de retorno para determinar la profundidad adecuada del diseño de precipitación. En general, períodos de retorno superiores a diez años son suficientes. Una duración adecuada período de lluvia extrema, debería considerar la capacidad de respuesta de la salida a los cambios en la profundidad del agua, pero podría establecerse de manera conservadora el TRH teórico del humedal. Todos los humedales deben diseñarse con un borde libre (por ejemplo, una profundidad del agua por encima de la profundidad máxima de diseño) para almacenar temporalmente eventos de precipitación más grandes que el período de lluvia extrema de diseño.

En los HT de aguas residuales domésticas, el balance hídrico puede simplificarse, suponiendo condiciones de estado estable (sin acumulación de agua dV/dt) y sin considerar los términos relacionados con los flujos de corrientes (entrada, Q_{si}, y salida, Q_o) y la escorrentía de la cuenca hidrográfica (Q_c). Además, para fines de diseño, si el lecho del humedal está revestido (sin infiltración de agua subterránea), el flujo del efluente puede estimarse simplemente por: flujo del afluente + precipitación directa sobre la superficie del humedal – evapotranspiración (ET) (Ecuación 2.2 y Figura 2.2)

$$Q_o = Q_i + (P \times A) - (ET \times A) \qquad (2.2)$$

donde:

Q_0 = caudal efluente de aguas residuales, m^3/d

Q_i = caudal afluente de aguas residuales, m^3/d

P = tasa de precipitación, m/d

A = área superficial del humedal, m^2

ET = tasa de evapotranspiración, m^3/d

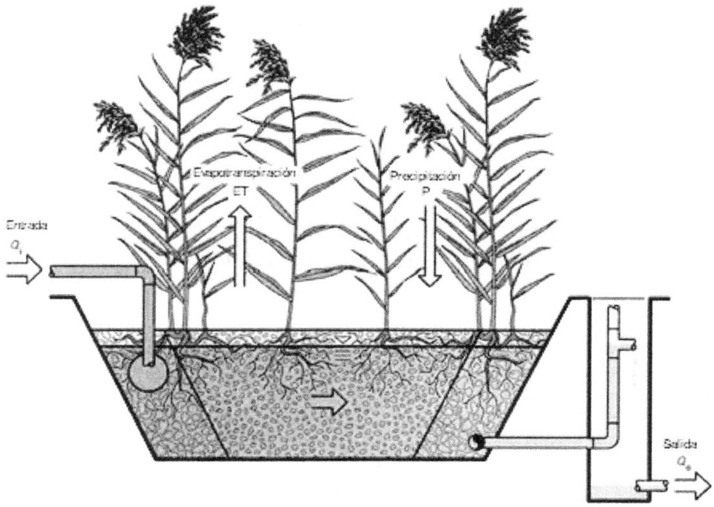

Figure 2.2 Balance hídrico simplificado en un humedal para tratamiento que recibe aguas residuales y está sujeto solo a evapotranspiración y precipitación.

La evapotranspiración de un humedal no está bien cuantificada. Es probable que los grandes humedales de FS se comporten de manera similar a un cuerpo de agua abierto de tamaño similar, por lo tanto, la tasa de ET generalmente se estima como una fracción de la tasa del tanque evaporímetro. El coeficiente del tanque evaporímetro varía ligeramente con los factores climáticos regionales, pero un valor de 0.8 es típico (McCuen, 2016). La estimación de ET para humedales pequeños y especialmente aquellos con flujo subsuperficial es más difícil. La transpiración de la planta domina el flujo ET y en las áreas pequeñas aumentan el "efecto de borde" a medida que se aumenta la cobertura de las plantas a la energía solar, al viento y otras entradas de energía que impulsan la ET. Las tasas de ET en estos sistemas pueden exceder las tasas del tanque evaporímetro y factores tales como la relación de aspecto y la orientación relativa a la dirección general del viento pueden tener un impacto significativo en la tasa de ET. La tasa de ET también puede variar significativamente durante todo el año, dependiendo de la etapa de desarrollo de la planta y las especies de plantas seleccionadas. De hecho, algunos humedales de tratamiento se han diseñado como sistemas de descarga cero, incluso en lugares donde la lluvia excede la ET en una escala anual, maximizando las pérdidas ET por utilizar grandes relaciones de aspecto perpendiculares a la dirección del viento predominante (ver Sección 8.1). Como primer paso, se puede realizar un análisis simple de evaporación del tanque para estimar la magnitud de ET en relación con los otros flujos, y si se determina que el componente ET es significativo en relación con la precipitación y el afluente, se hace necesario un balance de energía más detallado.

Una vez que se estiman los flujos hacia un humedal, el flujo de agua a través del HT se determina mediante la aplicación de dos conceptos fundamentales: conservación de la masa (continuidad) y conservación del momentum. La aplicación de la ecuación de momentum es diferente para los sistemas FS, FH y FV insaturados. Una ley de potencia similar a la Ecuación de Manning se aplica generalmente a los humedales de FS, y la Ley de Darcy generalmente se aplica a los sistemas de FH. La ecuación de Richards generalmente se aplica a los sistemas de FV insaturados y está más allá del alcance de este texto, pero los lectores pueden consultar a Freeze y Cherry (1979) para obtener más información. El uso de estas ecuaciones se discute en la siguiente subsección.

Continuidad

La velocidad horizontal superficial del flujo u a través del humedal está relacionada con el caudal Q y el área transversal del flujo a través de la ecuación de continuidad (Ecuación 2.3).

$$u = \frac{Q}{wh} \tag{2.3}$$

Donde:

Q = Caudal, m^3/d

w = Ancho del humedal perpendicular al flujo, m

h = Profundidad de agua del humedal, m

u = velocidad horizontal en la dirección longitudinal del eje, m/d

Para los humedales de flujo subsuperficial, la velocidad real del líquido a través de los poros puede calcularse incorporando la porosidad media en el denominador de la ecuación 2.3.

El ancho y especialmente la profundidad pueden no ser constantes en los humedales grandes, y la velocidad de flujo generalmente no es constante porque los efectos de la precipitación y la ET se distribuyen a través de la longitud del flujo del humedal. Además, el flujo de aguas residuales entrantes es variable durante el día. Sin embargo, la ecuación es válida en una sección transversal específica, y se puede calcular la media sobre el humedal, utilizando el promedio de caudales afluente y efluente. En otras palabras, para algunos cálculos, se puede considerar que el flujo es:

$$Q = \frac{Q_i + Q_o}{2} \tag{2.4}$$

Sin embargo, teniendo en cuenta que el diseñador estipula el caudal afluente, pero, en muchos casos, tiene dificultades para lograr un balance hídrico adecuado y, por lo tanto, una estimación del caudal efluente, en la mayoría de las situaciones, el caudal utilizado en los cálculos de diseño es el caudal afluente Q_i. Este es el enfoque adoptado en este volumen, a menos que se indique lo contrario. En los humedales para tratamiento existentes, donde los caudales afluente y efluente se pueden medir fácilmente, se puede usar el promedio de ambos caudales, como se muestra en la Ecuación 2.4.

Momentum en humedales de FS

Debido a que el flujo en un humedal de FS es casi siempre laminar, una ecuación típica semi empírica de momentum para flujo turbulento como la Ecuación de Manning, no es válida, porque el n de Manning no es una constante en estas condiciones. Además, las pérdidas por fricción incluyen los efectos de las plantas y los desechos, así como la fricción del lecho y la pared lateral. Por lo tanto, se ha propuesto una función de potencia simple para explicar la fricción en la ecuación de momentum en los humedales FS (Kadlec y Wallace, 2009) (Ecuación 2.5).

$$u = a\, h^{(b-1)} S^{c} \tag{2.5}$$

donde:

a,b,c = parámetros de fricción, adimensionales

u = velocidad superficial del agua, m/d

h = profundidad del agua en el humedal, m

$S = -dH/dx$, = negativo de la pendiente superficial del agua, m/m

A menudo se supone que los valores de b y c son tres y uno, respectivamente, con a aumentando entre $1{,}0 \times 10^{7}$ y $5{,}0 \times 10^{7}$ m/d a medida que disminuye la densidad de la vegetación. Las ecuaciones 2.1 y 2.5 pueden resolverse simultáneamente para determinar la pendiente apropiada para una profundidad y flujo promedio, bajo condiciones estables y semi uniformes. Kadlec y Wallace (2009) proporcionan un análisis hidráulico más detallado cuando es importante la variación de profundidad a lo largo del humedal FS.

Momentum en humedales de FH

El flujo a través de un humedal de flujo subsuperficial horizontal se describe mejor por la Ley de Darcy (Ecuación 2.6)

$$u = k_e \frac{dh}{dx} \tag{2.6}$$

Donde:

u = velocidad superficial del agua, m/d

h = profundidad del agua en el humedal, m

k_e = conductividad hidráulica efectiva, m/d

dh/dx = pendiente superficial del agua, m/m

Las ecuaciones 2.1 y 2.6 pueden resolverse simultáneamente para una pendiente del lecho que es igual a la línea de pendiente hidráulica, asegurando así una profundidad constante a lo largo de la longitud, siempre que la conductividad hidráulica se determine adecuadamente. En la Figura 2.3 se muestra un esquema del perfil hidráulico en un humedal construido con flujo subsuperficial horizontal con fondo plano (sin pendiente).

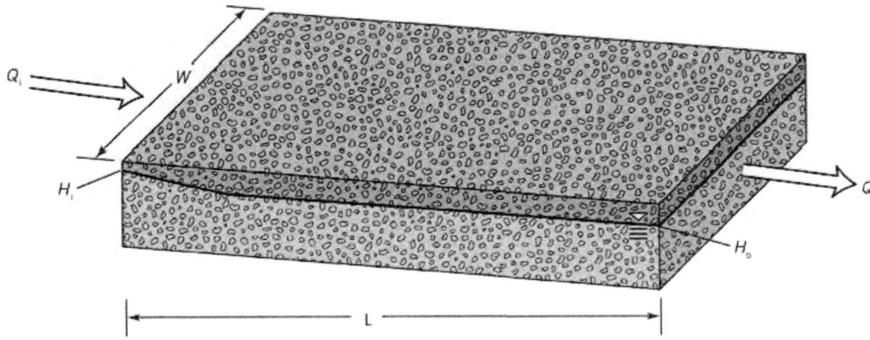

Figure 2.3 Esquema de una sección longitudinal para un humedal construido de flujo subsuperficial horizontal. Imagen simplificada reimpresa con permiso de Kadlec y Wallace (2009).

Desafortunadamente, es difícil medir la conductividad hidráulica en los humedales para tratamiento (Knowles y Davies, 2009; Knowles *et al.*, 2010; Matos *et al.*, 2017). La conductividad hidráulica del medio del lecho es más alta al inicio, durante la puesta en marcha, cuando el medio está relativamente limpio, y disminuye con el tiempo, a medida que las raíces de las plantas, las biopelículas microbianas, y los precipitados químicos, ocupan gradualmente espacios que inicialmente se llenaban de agua. Muchos de los primeros diseños de humedales de FH consideraban solo la conductividad hidráulica inicial, que a medida que los poros acumulaban sólidos, forzaban el flujo hacia la superficie, y a menudo resultaban en un corto-circuito hidráulico grave y una fuerte disminución en el rendimiento del tratamiento. Por el contrario, el diseño para una conductividad hidráulica más baja, a largo plazo permite que el agua fluya demasiado rápido a través del medio poroso, lo que disminuye la profundidad del agua hacia la salida del humedal bajo condiciones iniciales de operación. Así, el establecimiento de las plantas en esta zona se ve obstaculizado. Los diseños actuales de humedales de FH utilizan la estimación más baja a largo plazo de k_e para garantizar que el agua permanezca siempre debajo de la superficie de la grava. En algunos sistemas, se instala un regulador de profundidad de agua en las estructuras de salida, para mantener una pendiente más baja, cuando la conductividad hidráulica es mayor que el valor de diseño estimado para el lecho del humedal limpio.

La Figura 2.4 muestra vistas esquemáticas del aumento en la pérdida de altura que ocurre con la colmatación progresiva en el sistema, que eventualmente conduce flujo sobre la superficie del medio, cuando la pérdida de altura h_f es más alta que el borde libre dentro del lecho (distancia entre la parte superior de la cama y el nivel del agua al comienzo de la operación). Cuando esto sucede, la ecuación de la Ley de Darcy para el flujo en medios porosos ya no es válida, debido a la presencia de flujo por sobre la superficie del medio. La colmatación se considera como el principal problema operativo en los humedales de flujo subsuperficial. Se ha dedicado un considerable esfuerzo de investigación al estudio del desarrollo, control y remediación de la colmatación (Knowles *et al.*, 2011; Nivala *et al.*, 2012).

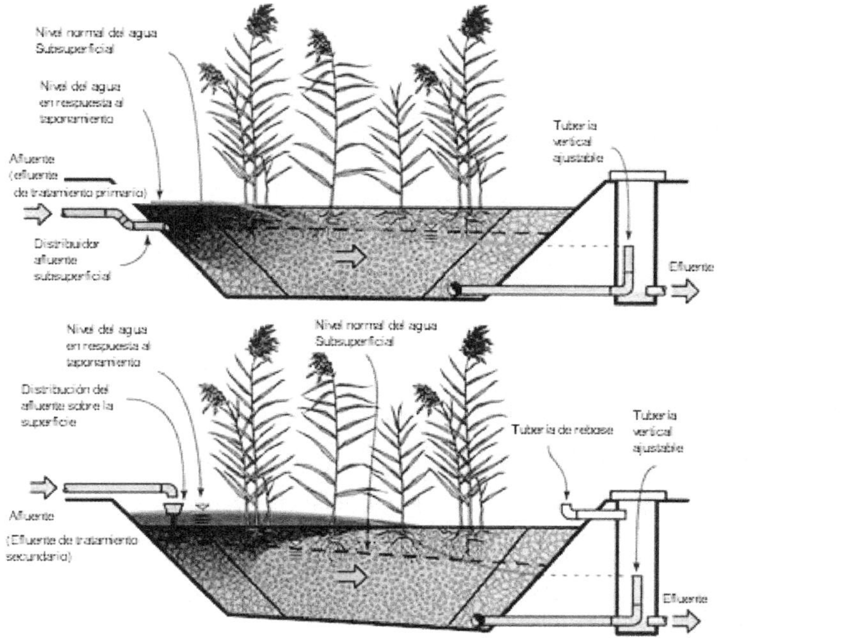

Figure 2.4 Respuestas a la obstrucción en los humedales de FH; Arriba: sistema secundario de FH; abajo: sistema terciario de FH

Tiempo de retención hidráulica y tasa de carga hidráulica

El TRH, también conocido como tiempo de retención hidráulica o tiempo de detención hidráulica, es un parámetro importante cuando se considera la hidráulica de un reactor en combinación con la cinética de las transformaciones químicas y microbianas en los humedales para tratamiento (ver Sección 2.3). El TRH se define como el tiempo que una molécula de agua permanece en promedio en el humedal, desde la entrada hasta la salida, y generalmente se calcula como el volumen de agua en el reactor dividido por el caudal. Sin embargo, el flujo a través de un humedal varía en espacio y tiempo, y el volumen puede o no considerar el volumen del humedal lleno de material vegetal y medio, y puede o no considerar "espacios muertos" debido a la ineficiencia hidráulica. En los humedales de FH, el volumen de agua del humedal puede ser solo del 30 al 45% (teniendo en cuenta la porosidad de los medios) del volumen nominal del vaso del humedal (longitud × ancho × profundidad) (Kadlec y Wallace, 2009). A menudo se supone que la velocidad de flujo es el promedio del caudal de entrada y salida, sin embargo, en muchos casos solo se mide el caudal de entrada y, por lo tanto, a menudo se usa para determinar el TRH. La selección de un volumen apropiado es más problemática. Usar solo el volumen de los poros ocupados por el agua es más apropiado que usar el volumen del vaso del humedal. Sin embargo, se debe reconocer que la porosidad varía con el tiempo, y rara vez se mide y casi nunca se conoce con exactitud. Por lo tanto, es importante definir las variables utilizadas al calcular la TRH de un humedal para tratamiento.

Otro factor que influye en el TRH y el rendimiento del tratamiento en un HT es la eficiencia hidráulica. El flujo nunca es uniforme en todo el ancho y la profundidad de un humedal, por lo que el agua puede permanecer más tiempo en ciertos lugares y moverse más rápido a través de otros. Un buen diseño incluye características para minimizar este cortocircuito y garantizar una buena mezcla dentro del humedal (Wahl *et al.*, 2010). El análisis de las funciones de distribución del tiempo de residencia derivadas de los estudios de trazadores es una de las principales herramientas para la evaluación del rendimiento hidráulico de los humedales. Para simplificar el análisis, los índices hidráulicos extraídos de estas funciones se utilizan normalmente para caracterizar el comportamiento del cortocircuito y la mezcla (Teixeira y Siqueira, 2008).

En este texto, el TRH teórico (o τ) en los humedales de tratamiento saturados se define utilizando el caudal afluente (Q_i) y el volumen de agua estimado del humedal (teniendo en cuenta la porosidad de los medios en los humedales de flujo subsuperficial, como se ilustra en la Figura 2.5) a menos que se indique explícitamente lo contrario (Ecuación 2.7). Cabe señalar que el espacio vacío también está ocupado por una capa de biopelícula con crecimiento de biomasa alrededor del medio y por las raíces de las plantas. Se utiliza el término TRH "teórico", porque no se puede garantizar que el TRH real sea el mismo que el calculado. De hecho, las imperfecciones en el comportamiento hidráulico dentro de los HT, con la presencia de zonas muertas, cortocircuitos y otros factores, conducen al hecho de que el tiempo de retención real de cada molécula de agua individual es menor que el teórico, dado por la ecuación 2.7.

$$\tau = \frac{Volumen\ del\ Líquido}{Caudal} = \frac{\varepsilon V}{Q_i} = \frac{\varepsilon h A}{Q_i} \qquad (2.7)$$

donde:

τ = tiempo de retención hidráulica nominal (teórico), d

ε = porosidad (fracción de volumen del humedal ocupado por el agua), adimensional

h = profundidad del agua en el humedal, m

A = Área superficial del humedal, m^2

Q_i = Caudal de entrada o afluente, m^3/d

En un humedal de FS, como no hay medio de soporte, la porosidad se toma como 1,0 en la Ecuación 2.7, y el TRH teórico se puede calcular mediante la expresión habitual de V/Q_i.

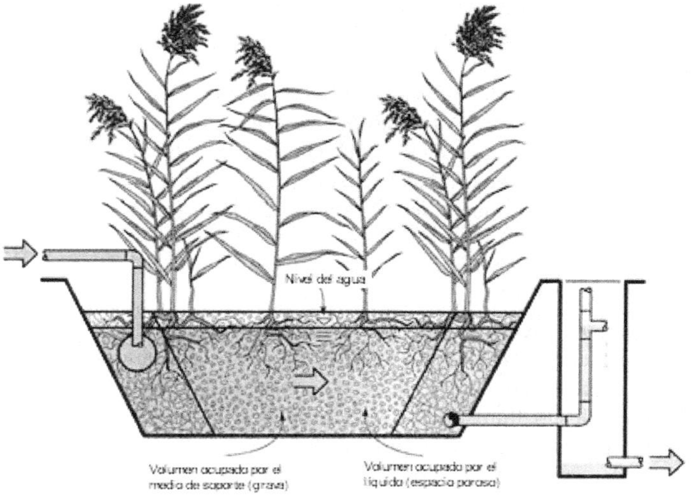

Figure 2.5 Representación esquemática de un humedal construido de flujo subsuperficial que muestra el volumen ocupado por el líquido y el medio de soporte.

La tasa de carga hidráulica superficial del humedal de tratamiento (HLR o q) en este volumen se basa en el caudal afluente Q_i, y por lo tanto q se define como se muestra en la Ecuación 2.8:

$$HLR_s = q = \frac{Q_i}{A} \tag{2.8}$$

donde:

$HLR_S = q$ = tasa de carga hidráulica superficial, $m^3/(m^2\,d)$

A = área del humedal, m^2

Q_i = caudal de entrada, m^3/d

El concepto de tasa de carga hidráulica volumétrica (HLRv) también se utiliza en el tratamiento de aguas residuales. Tiene las unidades de m^3/m^3 d, o m^3/d de aguas residuales afluentes dividido por m^3 de volumen del reactor, como se muestra en la Ecuación 2.9.

$$HLR_V = \frac{Q_i}{V} = \frac{Q_i}{h \times A} \tag{2.9}$$

Donde:

HLR_V = tasa de carga hidráulica volumétrica, $m^3/(m^3\,d)$

Q_i = caudal de entrada o afluente, m^3/d

V = volumen del reactor, m^3

A = área del humedal, m^2

h = profundidad del agua en el humedal, m

Cabe señalar que *A* en la Ecuación 2.8 y *V* en la Ecuación 2.9 son el área y el volumen real de la superficie del humedal, y no incorporan la porosidad. Cabe mencionar que el concepto de TRH, calculado por la Ecuación 2.7, solo es válido para medios saturados, como el de los humedales de FH. En humedales FV con dosificación de pulsos intermitentes, los espacios vacíos en la cama están ocupados por aire en el intervalo entre períodos de alimentación. Por lo tanto, no existe un concepto del volumen del líquido en el lecho y no se puede calcular el TRH para este tipo de humedal vertical. Sin embargo, el concepto de HLR superficial (Ecuación 2.8) y HLR volumétrico (Ecuación 2.9) se puede usar tanto para humedales FV como para humedales FH.

Balance energético

Un balance de energía es importante para evaluar las tasas de ET cuando una estimación preliminar determina que es un flujo importante en el balance hídrico del humedal. Otra razón para aplicar un balance de energía es evitar o controlar la congelación de un humedal en invierno en climas fríos. Los humedales de FS se pueden operar durante todo el año en climas templados, siempre que el nivel del agua aumente en otoño para mantener una capa libre de hielo debajo. La congelación de un humedal de FH o FV evitará que el agua fluya a través del medio poroso. Si esto ocurre, no hay otra opción que esperar hasta que el sistema se descongele, lo cual es problemático.

Los principales flujos de energía de un humedal para tratamiento se muestran en la Figura 2.6. Si la temperatura dentro del humedal es mayor que la del aire, el calor se pierde desde la perspectiva del humedal, pero se gana cuando la temperatura del aire es más cálida. De manera similar, se recibe energía del suelo si el humedal es más frío que el suelo circundante, y el calor se entrega al suelo si el humedal es más cálido. En verano, la radiación solar neta es suficiente para calentar el humedal y para que los dos flujos reversibles G y E_{loss} salgan del humedal. En climas templados, la radiación solar neta se reduce considerablemente durante el invierno y la temperatura del aire a menudo está por debajo de cero. En este caso, los principales aportes de energía provienen de las aguas residuales afluentes y la transferencia de calor del suelo. En cualquier estación, Wallace y Knight (2006) definen una temperatura de "punto de equilibrio" cerca de la entrada, que permanece en el resto del humedal. Durante temperaturas del aire bajo cero, la temperatura del punto de equilibrio en el humedal puede acercarse a cero. Es importante utilizar el método de balance de energía para garantizar que la temperatura del punto de equilibrio permanezca por encima del punto de congelación en invierno y (si corresponde), no exceda los estándares de descarga relacionados con la temperatura en verano.

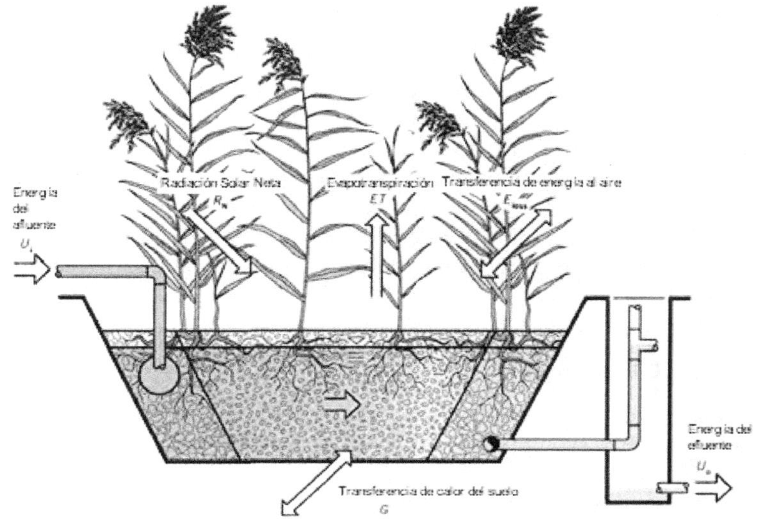

Figure 2.6 Flujos de energía en un humedal para tratamiento. Modificado de Wallace y Knight (2006).

En un humedal de FS, la formación de hielo proporciona una barrera aislante efectiva a la pérdida de calor a la atmósfera, y el flujo del humedal, se puede adaptar para un espesor de hielo esperado, al elevar el nivel del agua, y así mantener la TRH adecuado para obtener un tratamiento apropiado del agua que fluye bajo el hielo. Cuanto más fría es la temperatura ambiental del aire, más grueso será el espesor de la capa hielo para mantener el flujo de agua por debajo. El nivel del agua en los humedales de FS debe mantenerse relativamente constante durante en el invierno para evitar el posible desarraigo de los tallos y las hojas de las plantas atrapados en la capa de hielo, por lo tanto, de antemano se debe estimar apropiadamente el espesor de hielo que potencialmente se puede formar. En un humedal establecido de FH o FV, la capa de paja y detritos de las plantas en la superficie proporcionan una capa aislante (que puede aumentar espesor con la capa de nieve), especialmente si el humedal está diseñado con un borde libre para recoger la nieve transportada por efecto del viento. Es posible que las plantas no estén lo suficientemente establecidas durante el primer año o dos después de la puesta en marcha de un humedal de FH o FV, y que se ocurran eventos de congelación. Para evitarlo, se puede agregar una capa de viruta, aserrín o cobertura vegetal para proporcionar una capa de aislamiento necesaria, y además se puede abatir el nivel del agua unos centímetros, y así proporcionar una capa adicional de espacio vacío, lleno de aire en la grava, y así minimizar la pérdida de calor con el aire. Wallace y Knight (2006) proporcionan métodos para determinar el espesor de hielo apropiado en los humedales de FS, y los tipos y espesores de viruta o cobertura vegetal para mitigar la congelación en los humedales de flujo subsuperficial

2.3 CINÉTICA E HIDRAÚLICA DE REACTORES

La degradación química y biológica en el tratamiento de aguas residuales a menudo está representada por la cinética de la reacción de la ingeniería química. Para obtener una descripción detallada de la cinética de la reacción y los balances de masa, consulte el Volumen 2, Secciones 2.2 y 2.3 de esta serie de libros (von Sperling, 2007b). Además de comprender los fundamentos de la cinética de la reacción y los balances de masa, también es necesaria una comprensión básica de la hidráulica del reactor. Los humedales de FV y de FV tipo francés generalmente se comportan de manera diferente y se dimensionan utilizando otros métodos. Se remite al lector al Capítulo 4 (humedales FV) y al Capítulo 5 (humedales FV tipo francés) para obtener más detalles.

Hidráulica de Reactores

Los fundamentos de hidráulica de reactores se discuten en el Volumen 2, Sección 2.4 de esta serie de libros (von Sperling, 2007b). En el Volumen 2, Tabla 2.1 (von Sperling, 2007b) se proporciona un resumen de los modelos hidráulicos más utilizados. Se aconseja al lector que consulte esta referencia porque el conocimiento previo de estos modelos hidráulicos es esencial para comprender los conceptos y ecuaciones presentados en este capítulo. Los fundamentos de la hidráulica de reactores discutidos aquí se aplican solo a humedales de tratamiento saturados (FS, FH y diseños de humedales aireados saturados). La hidráulica de los diseños de humedales de tratamiento no saturado (FV, FV tipo francés) deben describirse a través de otros métodos. Las primeras pautas de diseño de humedales para el tratamiento de FS y FH utilizaron la suposición de la dinámica ideal del reactor de flujo a pistón (p. ej., número de tanques en serie (TIS) = ∞) (Kadlec y Knight, 1996). Sin embargo, esta suposición de flujo a pistón ha demostrado ser demasiado simplista y ya no se recomienda para describir la hidráulica del humedal para tratamiento (Kadlec y Wallace, 2009). La hidráulica del humedal para tratamiento se representa mejor con el modelo TIS, que es un caso intermedio entre los extremos ideales del reactor de flujo a pistón y el reactor de mezcla completa (CSTR) (Wallace y Knight, 2006; Kadlec y Wallace, 2009), ver también Volumen 2, Sección 2.4.4 de esta serie de libros (von Sperling, 2007b). La representación de un solo reactor por una serie de tanques de mezcla completa es puramente por conveniencia matemática, cuando se usan ecuaciones para propósitos de diseño, o para representar un sistema existente. En cualquier caso, el objetivo es determinar la concentración del efluente de este único reactor.

Si el reactor está representado por un CSTR ($N = 1$), esto significa que está representado por un tanque perfecto o idealizado de mezcla completa. Si, por otro lado, el reactor está representado por un número infinito de tanques en serie CSTR ($N = \infty$), esto significa que, en teoría, se comporta como un reactor de flujo a pistón perfecto. Por supuesto, estos son dos límites extremos y todas las unidades de humedales, en la práctica, se comportarán entre estas dos condiciones idealizadas.

Las ecuaciones de flujo a pistón y de mezcla completa (CSRT) se han utilizado ampliamente en el tratamiento de aguas residuales. Esto significa que estos dos modelos hidráulicos idealizados se están utilizando para representar reactores no ideales, y esto distorsiona los valores de los coeficientes cinéticos, cuando se obtienen de las mediciones de las concentraciones de entrada y salida. Estos coeficientes dejan de ser coeficientes puramente cinéticos, e incorporan en sí mismos, las imperfecciones del comportamiento hidráulico de un tanque real, modelado como uno idealizado. Es por eso que es importante tener una buena representación del comportamiento hidráulico de la unidad de tratamiento, de modo que se pueda hacer una buena predicción de la concentración del efluente, utilizando coeficientes de reacción que se aproximen, lo más cerca posible, al verdadero coeficiente cinético intrínseco.

La representación de una unidad de humedal por una serie de unidades CSTR es un intento por superar estas dificultades. Lo que hay que saber, además del valor del coeficiente de reacción, es la cantidad de tanques *N* que se utilizarán en la representación de la unidad de humedal en estudio. En humedales existentes, esto puede hacerse mediante pruebas de trazadores (la metodología no se muestra aquí). Para obtener más detalles sobre las pruebas de trazadores en humedales para tratamiento, se remite al lector al Apéndice B en Kadlec y Wallace (2009).

Para propósitos de diseño, se debe adoptar el valor del número de TIS (N, o también *N*TIS) de la literatura, basado en unidades de humedales similares. El número equivalente de TIS que mejor representa un reactor es una función de varios factores, con énfasis en la relación entre la longitud (*L*) y el ancho (*W*; la relación *L*: W). Cuanto más alargado sea el humedal, mayor será la relación *L*:*W* y, por lo tanto, se espera que el número de TIS equivalentes (NTIS) sea mayor. Por el contrario, para un reactor con una baja relación *L: W* (igual o menor que uno), se espera que esté más bien mezclado y, por lo tanto, el *N*TIS equivalente será bajo.

La Tabla 2.2 resume el comportamiento hidráulico informado según lo determinado por pruebas de trazadores de varios diseños de humedales para tratamiento saturados. Dado que el número de TIS (*N*TIS) es solo una representación matemática del rendimiento hidráulico de un humedal, no es necesario que sea un valor entero. Estos valores son presentados para que el lector tenga una idea de valores comunes de *N*TIS, pero siempre se debe tener en cuenta el número probable dependerá mucho de las relaciones geométricas del humedal para tratamiento.

Tabla 2.2 Comportamiento hidráulico de diseños de humedales para tratamiento según lo determinado por las pruebas de trazadores.

Diseño	Tanque en series(*N*TIS)	Fuente
Flujo Horizontal[a]	8,3	Kadlec y Wallace (2009)
Flujo Horizontal Aireado	4,5	Boog (2013)
Flujo Vertical Aireado	1,1	Boog *et al.* (2014)
Flujo Libre[b]	3,6	Kadlec y Wallace (2009)

[a] valor medio de 35 estudios
[b] valor medio de 37 estudios

En el Volumen 2, Sección 2.4.5 de esta serie de libros (von Sperling, 2007b), también se presentó el modelo de flujo disperso (también llamado flujo a pistón con dispersión). Este modelo es otra posibilidad conveniente para representar un reactor real, cuyo comportamiento se encuentra entre los modelos idealizados de CSTR y de flujo a pistón. La ecuación relevante para predecir la concentración de efluentes se presenta en la referencia citada. Incorpora el coeficiente de dispersión *d* (adimensional) que representa el grado de dispersión longitudinal en el reactor. Un valor de $d = 0$ indica que no hay dispersión longitudinal, es decir, un comportamiento de un reactor de flujo a pistón perfecto. Un valor de $d = \infty$ indica una mezcla perfecta, es decir, un comportamiento hidráulico de un reactor ideal de mezcla completa. En la práctica, todos los humedales de tratamiento se encuentran entre estos dos regímenes idealizados. El modelo de flujo disperso solo debe usarse para unidades cuyo número de dispersión *d* sea menor a 1.0, que se ajusta a la mayoría de las unidades de humedales encontradas en la práctica. Las consideraciones aquí son similares a las hechas para *N*TIS. El coeficiente de dispersión *d* también puede determinarse mediante pruebas de trazadores. Naturalmente, existe una relación entre *d* y *N*TIS. Si *d* es más bajo, el *N*TIS se incrementa, o lo opuesto, que también es cierto. Hay ecuaciones para convertir *d* en *N*TIS, y viceversa, pero están más allá del alcance de este volumen. En este volumen, se da preferencia al modelo TIS, porque se aplica más ampliamente en la representación de humedales para tratamiento. Para otros procesos de tratamiento, como las lagunas de estabilización, el modelo de flujo disperso se ha aplicado ampliamente.

El modelo TIS no puede describir adecuadamente la hidráulica de los diseños de humedales para tratamiento no saturados (FV, FV tipo francés, así como algunos diseños intensificados, como los sistemas de llenado/vaciado). Cualquier asignación de un *N*TIS a diseños de humedales de FV insaturados es solo de naturaleza matemática. Las pruebas de trazadores demuestran que la hidráulica en tales diseños de humedales no está bien representada por la dinámica clásica de reactores en ingeniería química.

Coeficientes de superficie y volumétrico

Los fundamentos de las ecuaciones de reacción de primer orden se analizan en detalle en el Volumen 2, Secciones 2.2.3 y 2.4.4 de esta serie de libros (von Sperling, 2007b). Los fundamentos de la hidráulica de los humedales para tratamiento con flujo de agua saturada (humedales de FH y FS) se dan en la Sección 2.2 de este volumen. En el pasado, la ecuación tradicional para el flujo a pistón se usaba con frecuencia para el diseño y la representación de unidades de humedales (Ecuación 2.10). Esta ecuación todavía se usa en muchos diseños, pero siempre se debe recordar que los humedales reales no se comportan como un reactor de flujo a pistón idealizado y, por lo tanto, la predicción de las concentraciones de salida puede sufrir grandes desviaciones de la realidad debido a la insuficiencia del modelo hidráulico para representar una unidad real.

$$C_0 = C_i e^{-kt} \qquad 2.10$$

donde:

C_o = concentración de salida, mg/L

C_i = concentración de entrada, mg/L

k = coeficiente de reacción de primer orden, 1/d

τ = tiempo de retención hidráulica nominal (teórico), d (Eq. 2.9)

Debido a las limitaciones del modelo de flujo a pistón, el rendimiento del humedal para tratamiento se describe actualmente con mayor frecuencia utilizando una ecuación de reacción de primer orden modificada basada en la hidráulica del reactor no ideal, con la presunción de que los TIS son de igual tamaño (Ecuación 2.11).

$$\frac{C_i}{(1+k\tau/N)^N} \qquad (2.11$$

donde:

C_o = concentración de salida, mg/L
C_i = concentración de entrada, mg/L
k = coeficiente de reacción de primer orden, 1/d
τ = tiempo de retención hidráulica nominal (teórico), d
N = número de tanques equivalentes en serie, adimensional

N, la cantidad de TIS, también se conoce como *N*TIS en este volumen.

En este ejemplo, la concentración de entrada es C_i=*100 mg/L*, el coeficiente de primer orden es $k = 0.4\ d^{-1}$ y el TRH es $\tau = 5$ d. Si se aplica la Ecuación 2.11 con estos datos de entrada, se obtendrán los siguientes valores de las concentraciones de salida Co, para diferentes valores de N: *N = 1, Co = 33mg/L*; *N = 2, Co = 25 mg/L*; *N = 5, Co = 19 mg/L; N = 10, Co = 16 mg/L*. El perfil de concentración a lo largo del eje longitudinal se muestra en la Figura 2.7, lo que indica el subsecuente decaimiento a medida que los componentes se mueven a lo largo del humedal (el eje *X* es el tiempo, en *d*). El último compartimento indica la concentración de salida, que es la información requerida para fines de diseño.

La ecuación 2.11 también puede presentarse de otras maneras para que tenga el coeficiente de reacción *k* en función del área de superficie o del volumen del humedal (ecuación 2.12).

$$C_o = \frac{C_i}{(1+ k_A/Nq)^N} = \frac{C_i}{(1+ k_v\tau/N)^N} \quad \text{..}(2.12)$$

donde:

C_o = concentración de salida, mg/L
C_i = concentración de entrada, mg/L
k_A = coeficiente de reacción superficial de primer orden, m/d
k_V = coeficiente de reacción volumétrico de primer orden, 1/d
q = tasa de carga hidráulica, m/d
N = cantidad de tanques en serie, adimensional
τ = tiempo de retención hidráulica nominal, d

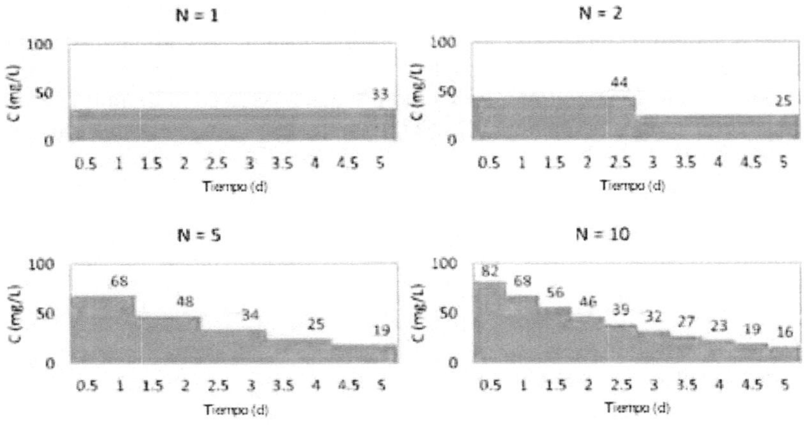

Figure 2.7 Ejemplo del perfil longitudinal de concentraciones para una unidad de humedal horizontal representada por *N*TIS. Utilización de la ecuación 2.11. Datos de entrada: C_i = 100 mg / L, k = 0.4 d^{-1}, τ = 5 d. La concentración de salida se muestra en el último compartimento.

Se debe tener cuidado al interpretar los coeficientes k_A y k_V en la ecuación 2.12. El término k_A/q no tiene en cuenta la porosidad del medio, ya que q es simplemente Q_i dividido por el área de superficie total A del humedal ($q = Q_i/A$). Por otra parte, la TRH teórica τ tiene en cuenta la porosidad del medio ($\tau = V \times \varepsilon/Q_i$). Así, al convertir un coeficiente en el otro, se debe comprender que tienen diferentes bases y que la porosidad media ε debe incorporarse en la conversión. El coeficiente global k (Ecuación 2.11) es similar a k_V (Ecuación 2.12), y es equivalente a:

$$k = k_v = \frac{k_A}{\varepsilon V / A} = \frac{k_A}{\varepsilon h} \tag{2.13}$$

donde:

k = coeficiente de reacción de primer orden, 1/d

k_V = coeficiente de reacción volumétrico de primer orden, 1/d

k_A = coeficiente de reacción superficial de primer orden, m/d

ε = porosidad (fracción del volumen del humedal ocupado por el agua), adimensional

V = volumen del humedal, m^3

A = área del humedal, m^2

h = profundidad de agua en el humedal, m

Los valores de los coeficientes de reacción k, k_A y k_V no representan los coeficientes cinéticos intrínsecos reales, como podría determinarse mediante pruebas por lotes en condiciones controladas. Son coeficientes basados en datos de campo (mediciones de las concentraciones de entrada y salida en los sistemas existentes) y, como tales, representan tanto la cinética como las desviaciones entre el modelo hidráulico asumido y el comportamiento hidráulico que tiene lugar en la realidad. Todavía son útiles, pero no se puede usar un coeficiente de reacción basado en un modelo hidráulico en una ecuación de modelo hidráulico diferente. El modelo *N*TIS tiene como objetivo dar una mejor representación de la hidráulica real de los humedales, por lo que es probable que los coeficientes asociados estén más cerca de los coeficientes cinéticos intrínsecos. Sin embargo, los coeficientes de reacción para el modelo de flujo a pistón idealizado (o para un solo CSTR), cuando se obtienen a partir de datos de campo, es probable que sean muy diferentes de los coeficientes cinéticos intrínsecos porque el reactor no será, en la práctica, igual a los modelos ideales. Todo esto ha sido un asunto de confusión sustancial en la literatura técnica al informar valores de coeficientes cinéticos. Por lo tanto, es muy importante que, al establecer el valor de un coeficiente de reacción, se especifique el modelo hidráulico asociado.

Muchos procesos del ecosistema que contribuyen a la eliminación de contaminantes en los humedales para tratamiento dependen del área del humedal. Debido a esto, y debido al hecho de que los diseños tempranos de humedales para tratamiento del tipo FS y FH no variaron mucho en profundidad, los coeficientes de tasa de eliminación en humedales para tratamiento generalmente se han informado sobre una base de superficie o área (designada por k_A), pero esto no es universal. La Tabla 2.3 muestra las tasas de k_A para los humedales de FH y FS. Los valores que se muestran en la tabla se generan a partir de una base de datos del rendimiento real del humedal para tratamiento, mostrando el porcentaje de sistemas que exhiben tasas de k_A por debajo del 50% (es decir, 50% de los sistemas degradaron el contaminante más lentamente que el valor dado). Se debe tener en cuenta que los valores de k_A presentados en la Tabla 2.3 se expresan en la unidad de m/año, mientras que en la Ecuación 2.11 k_A se ha presentado en m/d. Es solo cuestión de trabajar con unidades consistentes.

Los valores que se muestran en la Tabla 2.3 son para humedales que tratan efluentes primarios. Para la eliminación de DBO_5 en diferentes condiciones de trabajo, Kadlec y Wallace (2009) informan los siguientes valores de k_A (percentil 50) para los humedales de FH:

- Efluente primario: C_i = 100 a 200 mg/L; k_A = 25 m/año
- Efluente secundario: C_i = 30 a 100 mg/L; k_A = 37 m/año
- Efluente terciario: C_i = 3 a 30 mg/L; k_A = 86 m/año

Table 2.3 Ejemplo de coeficientes de reacción superficial (percentil 50) para humedales HF y FWS (Kadlec y Wallace, 2009).

Contaminante	FH *Tasa cinética* k_A(m/yr)	FS *Tasa cinética* k_A (m/yr)
DBO_5	25	33
NT	8.4	12.6
$N\text{-}NH_4$	11.4	14.7
$N\text{-}NO_x$	41.8	26.5
Coliforme termotolerante	103	83

Con el desarrollo de nuevos diseños e intensificaciones de humedales para tratamiento, la profundidad del humedal para tratamiento puede variar mucho de un sistema a otro. Cuando la profundidad de un humedal varía entre sistemas, entonces es necesario considerar los coeficientes de eliminación de forma volumétrica (designado por k_V). Matemáticamente, un coeficiente superficial se puede convertir en un coeficiente volumétrico dividiéndolo entre la profundidad del humedal y la porosidad del medio, sin embargo, se debe tener precaución si el valor transformado se usa para un humedal de profundidad diferente de los datos a partir de los cuales se determinó.

Factor de corrección para la temperatura

La temperatura del agua influye en las velocidades de reacción de degradación de la mayoría de contaminantes en los humedales para tratamiento. Los efectos de la temperatura se pueden describir utilizando la ecuación de temperatura de Arrhenius (Ecuación 2.14). La ecuación 2.14 se puede utilizar para corregir los coeficientes de reacción superficiales (k_A) y volumétricos (k_V).

$$k_T = k_{20}\theta^{(T-20)} \qquad (2.14)$$

donde:

k_T= coeficiente de reacción a temperatura del agua T

k_{20}= coeficiente de reacción a temperatura del agua a 20°C

T = temperatura del agua, °C

θ= Factor de temperatura modificada de Arrhenius, adimensional

Un factor de corrección de temperatura de θ = 1,0 indica que la eliminación del contaminante no está influenciada por la temperatura del agua. Un valor mayor que 1,0 indica que k incrementa al aumentar la temperatura del agua. Un valor menor que 1,0 indica que k disminuye al aumentar la temperatura del agua. La Tabla 2.4 proporciona factores de corrección de temperatura promedio reportados para humedales de FS y FH (Kadlec y Wallace, 2009). Tenga en cuenta que los valores de la Tabla 2.4 provienen de un gran conjunto de datos de humedales. En esta tabla, los valores de θ para la eliminación de DBO_5 son inferiores a 1,00, diferente de otros procesos de tratamiento biológico, y sugieren que las eficiencias de eliminación podrían, de hecho, deteriorarse con un aumento en la temperatura del agua. Esto es contrario a la intuición y está en contradicción con los informes de la literatura, como lo reconocen Kadlec y Wallace (2009). Como tal, la recomendación es diseñar sin ajustar la velocidad de eliminación de DBO_5 por temperatura. Los coeficientes que han sido corregidos por temperatura generalmente se conocen como coeficientes de velocidad de reacción de primer orden modificados.

Table 2.4 Ejemplo de factores de corrección de temperatura (valores θ) para humedales de FH y FS (valores del percentil 50, Kadlec y Wallace, 2009).

Parámetro	**FH**	**FS**
DBO_5	0.981	0.985
NT	1.005	1.056
$N\text{-}NH_4$	1.014	1.014
$N\text{-}NO_x$	–	1.102
Coliforme termotolerante	1.002	–

La influencia de la temperatura del agua en un coeficiente puede ser dramática. Un factor de corrección de temperatura (θ) de 1,056, por ejemplo, indica una reducción de 5,6% por cada disminución de 1°C. Esto conducirá a una disminución de tres veces en el coeficiente de velocidad (k) a medida que la temperatura del agua se acerque a 0°C. Desde una perspectiva de diseño, una disminución de tres veces en el coeficiente de velocidad resultaría en un aumento de tres veces en el área o volumen de humedal requerido.

Dado el fuerte enfoque de esta serie de libros, en las regiones de clima cálido, generalmente ocurre la situación opuesta: la temperatura del agua puede ser superior a 20° C y, por lo tanto, las reacciones ocurrirán a un ritmo más rápido. Por lo tanto, es importante tener información sobre la temperatura del agua (no la temperatura del aire) que se utilizará en el diseño. En la mayoría de los casos, se utilizan las temperaturas medias mensuales del agua del mes más frío, para estar seguros en el diseño. En otros casos, se utilizan temperaturas mínimas anuales del agua. En este volumen, a menos que se indique lo contrario, todos los coeficientes de reacción se expresan a la temperatura estándar del agua de 20° C.

Concentración de fondo

La concentración de fondo (C^*) es una concentración de efluente irreducible, que resulta del ciclo biogeoquímico interno dentro de los humedales. Por ejemplo, para la materia orgánica, C^* podría representar la fracción refractaria o no biodegradable.

La concentración de fondo C^*, que a menudo se infiere de una gran colección de datos, establece efectivamente un límite inferior para la concentración de los efluentes de un humedal de tratamiento (C_o). Esto significa que incluso para un humedal que tiene un tiempo de retención infinitamente largo, la concentración teórica del efluente C_o, nunca será menor que C^*. Es de suma importancia tener en cuenta las concentraciones de fondo, cuando las concentraciones afluentes a los humedales son bajas ($C_i \leq 3C^*$) o cuando las concentraciones de los efluentes, se acercan (o se espera que se acerquen) a los límites de detección de laboratorio (Kadlec y Wallace, 2009).

Las estimaciones para las concentraciones de fondo se proporcionan en la Tabla 2.5 (Kadlec y Wallace, 2009). Excepto por algunos parámetros (como DBO_5, DQO y N), C^* para humedales que proporcionan tratamiento secundario de aguas residuales domésticas (por ejemplo, la mayoría de los humedales de FH y FV) estará cerca de cero, o bajo los límites de detección de laboratorio.

Table 2.5 Ejemplo de concentraciones de fondo (C^*) en mg/L para los humedales de FH, FV y FS (Kadlec y Wallace, 2009).

Parámetro	**FH**	**FV**	**FS**	
			Ligeramente cargado	**Muy cargado**
DBO_5	10	2	2	10
NT	1	0	1.5	
$N\text{-}NH_4$	0	0	0.1	0.1

Los valores que se muestran en la Tabla 2.5 son para humedales que tratan efluentes primarios. Para la eliminación de DBO_5, para diferentes afluentes, Kadlec y Wallace (2009) informan los siguientes valores de C^* (percentil 50) para los humedales de FH:

- Efluente primario: C_i = 100 a 200 mg/L; C^* = 10 mg/L
- Efluente secundario: C_i = 30 a 100 mg/L; C^* = 5 mg/L
- Efluente terciario: C_i = 3 a 30 mg/L; C^* = 1 mg/L

Cabe señalar que las concentraciones de C^* también pueden variar con la temperatura (Stein *et al.*, 2007b). Las correcciones de temperatura para C^* se pueden hacer reemplazando k_T y k_{20} con C^*_T y C^*_{20} en la ecuación de Arrhenius modificada (Ecuación 2.12).

Meteorización de contaminantes

Algunos parámetros de aguas residuales, como la DQO y la DBO_5, proporcionan mediciones de una gama de compuestos orgánicos de degradabilidad variable. Algunos compuestos se degradan más fácilmente (o más rápidamente), y otros son más difíciles (o más lentos) de degradar. Por lo tanto, la materia orgánica en las aguas residuales afluentes tiene una composición diferente a la materia orgánica que permanece en el efluente (Wallace y Knight, 2006). Primero se elimina la materia orgánica más fácil de degradar, lo que significa que la tasa de degradación de la materia orgánica disminuye a lo largo de la dirección de flujo al aumentar la distancia y el tiempo. La disminución en la tasa de eliminación se puede representar matemáticamente modificando (reduciendo) el número de tanques en serie (*N*TIS). Este número modificado de tanques en serie, denotado como *P*, es el número aparente de tanques en serie. *P* es un parámetro ajustado (o estimado) y no puede medirse empíricamente, con la restricción de que $P \leq N$ (Kadlec y Wallace, 2009). Tenga en cuenta que este modelo hidráulico es adecuado solo para sistemas saturados. Cualquier extrapolación a un sistema insaturado es de naturaleza puramente matemática. La Tabla 2.6 muestra ejemplos de valores de *P*, pero debe recordarse que estos están asociados con la biodegradabilidad del compuesto y las relaciones geométricas en el humedal (que definen el valor límite de *N*). Por lo tanto, se pueden encontrar otros valores en la práctica.

Table 2.6 Ejemplos de valores de *P* para los humedales de FH, FV y FS (Kadlec y Wallace, 2009)

Parámetro	FH	FV	FS
DBO_5	3	2	1
NT	6	n.d. [a]	3
$N\text{-}NH_4$	6	6	3

[a] n.d. = no dado

*Enfoque P-k-C**

La ecuación cinética más reciente para representar la degradación de contaminantes en los humedales para tratamiento es una ecuación de primer orden modificada con una concentración de fondo distinta de cero. Se ha demostrado que el rendimiento del humedal para tratamiento está bien representado por el enfoque *P-k-C** (Ecuación 2.15, ver también Kadlec y Wallace, 2009). Tenga en cuenta que la Ecuación 2.15 tiene la misma estructura que la ecuación tradicional para el modelo TIS (Ecuación 2.11). Simplemente deduce la fracción de concentración de fondo C^* de las concentraciones de entrada y salida, y sustituye *N* por *P*.

$$(C_o - C^*) = \frac{(C_i - C^*)}{(1 + k\tau/P)^P} \qquad (2.15)$$

Donde:

C_o = concentración de salida o efluente, mg/L

C^* = concentración de fondo, mg/L

C_i = concentración de entrada o afluente, mg/L

k = coeficiente de reacción de primer orden, 1/d

τ = tiempo de retención hidráulica nominal (teórico), d

P = Número aparente de tanques en serie (TIS), adimensional

La concentración de salida C_o puede obtenerse simplemente reordenando la Ecuación 2.15:

$$C_o = C^* + \frac{C_i - C^*}{(1 + k\tau/P)^P} \tag{2.16}$$

Las ecuaciones 2.15 y 2.16 también se pueden presentar con un mayor detalle para el coeficiente de reacción, que se puede expresar de forma superficial o volumétrica (Ecuación 2.17). La información requerida para calcular un coeficiente de reacción utilizando el enfoque *P-k-C** incluye los atributos físicos del sistema (longitud, ancho y profundidad efectiva de la celda de tratamiento, así como la porosidad del medio de soporte), datos operativos (velocidad de flujo (s), la temperatura del agua del efluente, las concentraciones de contaminantes afluentes y efluentes), así como los parámetros estimados (para los sistemas que proporcionan tratamiento secundario de aguas residuales domésticas, a menudo se estiman P y C^*) (Kadlec y Wallace, 2009). Véanse los comentarios hechos en la Ecuación 2.11 con respecto a la conversión de k_A en k_V, y viceversa.

Dentro del alcance de este volumen, *HLR (q)* y *TRH (τ)* se basan en el caudal de entrada Q_i. Esta es una suposición simplificadora. En realidad, factores como la lluvia y la ET pueden afectar en gran medida el balance hídrico general y la TRH de un humedal de tratamiento.

$$\left(\frac{C_o - C^*}{C_i - C^*}\right) = \frac{1}{(1 + k_A/Pq)^P} = \frac{1}{(1 + k_V\tau/P)^P} \tag{2.17}$$

Donde:

C_o = concentración de salida o efluente, mg/L

C_i = concentración de entrada o afluente, mg/L

C^* = concentración de fondo, mg/L

k_A = coeficiente superficial de primer orden modificado, m/d

k_V = coeficiente de reacción volumétrica de primer orden modificado, 1/d

P = número aparente de tanques en serie (TIS), adimensional

q = tasa de carga hidráulica, m/d

τ = tiempo de retención hidráulica, d

El enfoque *P-k-C** se describe con gran detalle en Kadlec y Wallace (2009). Allí, hay disponible una amplia información sobre los humedales de FH y FS, así como otras consideraciones de diseño, como la tolerancia al riesgo, las tendencias estacionales en el rendimiento del tratamiento, el error acumulado y la variabilidad estocástica.

Los humedales de FV y FV tipo francés se dimensionan utilizando otros métodos. Se remite al lector al Capítulo 4 (humedales de FV) y al Capítulo 5 (humedales de FV tipo francés) para obtener más detalles

2.4 ENFOQUE DE DISEÑO

Hay muchas formas de dimensionar y diseñar un sistema de tratamiento de humedales. En las últimas décadas, los enfoques de diseño para HT han evolucionado desde una simple regla general a enfoques basados en regresión e incluso hasta cálculos más avanzados que tienen en cuenta factores tales como HLR, flujo no ideal, concentración de fondo y meteorización del contaminante. Para cualquier diseño de humedal, es esencial tener en cuenta que los parámetros de diseño publicados se basan en datos operativos de sistemas reales a nivel mundial. Kadlec y Wallace (2009) recomiendan realizar una breve verificación para garantizar que se evite la extrapolación de datos durante el proceso de diseño. Las ecuaciones y/o los parámetros de diseño solo deben aplicarse a los nuevos diseños que se encuentren dentro del rango de los conjuntos de datos de los que se derivaron. El nuevo diseño debe estar dentro de las condiciones físicas y operativas de los datos de origen, las que incluyen:

- Tipo de humedal para tratamiento
- Concentraciones de entrada y salida
- Cargas hidráulicas y másicas
- Tamaño, relación de aspecto y profundidad
- Clima y pérdidas y/o ganancias de agua asociadas (lluvia, ET, etc.)
- Ecología y comunidad vegetal
- Fracción de aguas abiertas (solo para humedales de FS)

Los enfoques de diseño más comunes incluyen:

- Regla general (conocida también como "reglas de dedo" "Rule of the thumb")
- Ecuaciones de regresión
- Flujo a pistón *k-C**
- Gráficos de carga
- *P-k-C**

A partir de estos enfoques de diseño, sólo las reglas generales y los gráficos de carga son aplicables a los humedales de FV y FV tipo francés, todos los demás enfoques solo son aplicables a los humedales de FH y FS. Los enfoques de diseño para los humedales de FV y FV tipo francés se describen en el Capítulo 4 (Humedales de FV) y el Capítulo 5 (Humedales de FV tipo francés). Con la excepción del enfoque de "regla general", todos los demás consideran que se debe eliminar un contaminante específico (por ejemplo, DBO_5) para un objetivo particular de calidad del agua. En la práctica, la mayoría de los humedales para tratamiento están diseñados para eliminar múltiples contaminantes. Al igual que con otras tecnologías de tratamiento, el diseñador debe realizar los cálculos para todos los contaminantes de interés y seleccionar el diseño resultante que permita eliminar todos los contaminantes objetivo.

2.5 Regla general

La regla general es un enfoque de diseño prescriptivo basado en una aplicación particular de humedal en una región climática o geográfica específica. Muy a menudo, este enfoque se utiliza para una tecnología de humedal único (más comúnmente FH o FV) en una guía local o nacional (Brix y Johansen, 2004; Macrophytes et Traitement des Eaux, 2005; DWA, 2017; ÖNORM, 2009). En general, el consejo para diseño se da en términos de requisitos de área por persona equivalente (m^2/ hab-eq), pero también se puede dar, por ejemplo, como una velocidad de carga superficial (g BOD_5/m^2*d o $g*DQO/m^2$ d). La Tabla 2.7 presenta una selección de recomendaciones de diseño por "regla general" dadas como área de humedal requerida por persona equivalente (m^2/ hab-eq). Este enfoque es una forma práctica de comenzar un procedimiento de diseño y puede ser efectivo cuando hay un conocimiento sustancial acumulado sobre la aplicación de la tecnología en la región bajo consideración. Sin embargo, se debe tener mucho cuidado de que estas recomendaciones de diseño no se extrapolen a situaciones en las que las condiciones de contorno (tecnología de pretratamiento, generación de aguas residuales per cápita, clima, etc.) difieren mucho de aquellas bajo las cuales se crearon las recomendaciones. Las referencias enumeradas en la Tabla 2.7 demuestran algunas recomendaciones de diseño por "regla general" para varios tipos de humedales en climas templados, pero de ninguna manera es una lista exhaustiva.

Tabla 2.7 Recomendaciones de diseño de la regla general para climas templados.

País	**Tecnología**	**Área superficial específica (m^2/hab-eq)**	**Referencia**
Austria	FV	4	ÖNORM B 2505 (2009)
Dinamarca	FH	5	Brix and Johansen (2004)
	FV	3	
Alemania	FV	4	DWA-A 262 (2017)
Francia	FV tipo francés	2	Iwema *et al.* (2005)

Los valores de diseño presentados aquí están relacionados con los países de clima templado (con estaciones). Para las regiones de clima cálido, que son el foco de esta serie de libros, las cargas pueden ser más altas y los requisitos de área más bajos. Por lo tanto, es esencial deducir criterios de diseño adecuados para estas regiones. El lector debe consultar la literatura regional pertinente para representar mejor la realidad esperada en las condiciones de terreno.

Ventajas del enfoque de la regla general:

- Es muy fácil de usar

Desventajas del enfoque de la regla general:

- No tiene en cuenta las diferentes prácticas de uso de agua, tecnologías de pretratamiento, clima o concentraciones de aguas residuales afluentes.
- No tiene en cuenta el flujo no ideal.
- No considera la geometría de la celda del humedal ni los enfoques de diseño específicos para minimizar el riesgo de colmatación.

Ecuaciones de regresión

Las ecuaciones de regresión también se han utilizado para diseñar HT. Estas ecuaciones se generan a partir de una gran colección de datos. Generalmente requieren uno o dos valores de entrada (concentración de entrada o carga másica, y posiblemente HLR) y producen una estimación de la concentración de efluente esperada. Tenga en cuenta que la "bondad del ajuste" de la regresión es a veces bastante pobre. La Tabla 2.8 proporciona algunos ejemplos de ecuaciones de regresión para diseñar un humedal de FH. Se puede encontrar una extensa lista de ecuaciones de regresión para humedales FH en Rousseau *et al.* (2004).

Table 2.8 Ejemplo de ecuaciones de regresión para humedales de FH.

Parámetro	Ecuación [a, b]	Rango de entrada[a,b]	Rango de salida[a,b]	R^2
DBO_5	$M_o = (0.13 \times M_i) + 0.27$	$6 < M_i < 76$	$0.32 < M_o < 21.7$	0.85
	$C_o = (0.11 \times C_i) + 1.87$	$1 < C_i < 330$	$1 < C_o < 50$	0.74
DQO	$M_o = (0.17 \times M_i) + 5.78$	$15 < M_i < 180$	$3 < M_o < 41$	0.79
SST	$M_o = (0.048 \times M_i) + 4.7$	$3 < M_i < 78$	$0.9 < M_o < 6.3$	0.42
	$C_o = (0.09 \times C_i) + 0.27$	$0 < C_i < 330$	$0 < C_o < 60$	0.67
NT	$M_o = (0.67 \times M_i) - 18.75$	$300 < M_i < 2{,}400$	$200 < M_o < 1{,}550$	0.96
PT	$M_o = (0.58 \times M_i) - 4.09$	$25 < M_i < 320$	$20 < M_o < 200$	0.61
	$C_o = (0.65 \times C_i) + 0.71$	$0.5 < C_i < 19$	$0.1 < C_o < 14$	0.75

[a] M_i y M_o son cargas másicas afluente y efluente del sistema, respectivamente, en kg/ha·d (Vymazal, 1998).
[b] C_i y C_o son concentraciones afluente y efluente del sistema, respectivamente, en mg/L (Brix, 1994).

Ventajas de usar ecuaciones de regresión:

- Son fáciles de usar.
- Toman en cuenta la calidad del agua afluente (y a veces HLR).
- Inherentemente toman en cuenta la concentración de fondo (C^*) porque las ecuaciones se crearon a partir de datos reales de calidad del agua de sistemas a escala real.

Desventajas del uso de ecuaciones de regresión

- Sólo son aplicables si el diseño del nuevo humedal cae dentro del rango de datos a partir del cual se crearon las ecuaciones de regresión.
- Muchas ecuaciones de regresión fueron creadas a partir de sistemas de humedales para tratamiento muy grandes, y pueden no aplicarse a sistemas más pequeños.
- El caudal no siempre se considera.
- El área del humedal no puede determinarse a partir de ecuaciones que solo correlacionan la concentración o la masa.

Flujo a pistón k-*C**

El enfoque *k-C** de flujo a pistón de primer orden, tiene en cuenta las concentraciones afluentes y efluentes, así como la concentración de fondo, pero supone una hidráulica de flujo a pistón ideal (ver Sección 2.3). Actualmente, los ingenieros diseñadores utilizan menos este enfoque, pero todavía se informa a menudo en la literatura. La ecuación 2.10, adaptada para incorporar C^*, se puede utilizar para resolver el área del humedal, A, de la siguiente manera (Ecuación 2.18):

$$A = \frac{Q_i}{K_A} ln\left(\frac{C_o - C^*}{C_i - C^*}\right) \tag{2.18}$$

donde:

C_o= concentración de salida o efluente, mg/L

C_i= concentración de entrada o afluente, mg/L

C^* = concentración de fondo, mg/L

k_A= coeficiente superficial de primer orden modificado, m/d

Q_i= Caudal afluente, m^3/d

Además, la Ecuación 2.14 (ver Sección 2.3) puede usarse para corregir el coeficiente de velocidad de reacción superficial k_A a las condiciones climáticas (por anticipado) para el nuevo diseño de humedal.

Ventajas del enfoque de pistón *k-C**:

- Tiene en cuenta la concentración del afluente (C_i), la concentración de fondo (C^*), HLR (q) y el coeficiente de velocidad de reacción superficial (k_A).
- Puede tener en cuenta el factor de corrección de la temperatura (θ).

Desventajas del enfoque de pistón *k-C**:

- No tiene en cuenta el flujo no ideal, lo cual genera un riesgo, especialmente cuando se deben alcanzar bajas concentraciones de los efluentes (Kadlec y Wallace, 2009).
- No hay información sobre qué valor de k_A elegir (por ejemplo, cuando se informa un rango de coeficientes de velocidad de reacción).

La suposición de un sistema hidráulico de flujo a pistón ideal se ha informado mpliamente en la literatura como inexacta (Kadlec, 2000), y por lo tanto ya no se recomienda su uso.

Gráficos para cálculo por carga másica

Otro enfoque posible es el uso de gráficos de carga másica. El manual de diseño de humedales para tratamiento a pequeña escala escrito por Wallace y Knight (2006) se creó a partir de una recopilación de datos sobre la calidad del agua de más de 1,500 humedales de tratamiento a pequeña escala en todo el mundo. Los datos se usaron para crear gráficos de dispersión que muestran tasas de carga másica del afluente versus concentraciones de los efluentes. Este manual de diseño es el primero de su tipo en considerar el concepto de tolerancia al riesgo en el diseño de humedales.

Los gráficos de carga de Wallace y Knight (2006) proporcionan una visualización de la tolerancia al riesgo del diseño, incluidas las líneas que corresponden al percentil 50, 75 y 90 de los datos recopilados (Figura 2.8). Usando estos gráficos, se puede elegir el diseño de un nuevo humedal para tratamiento a pequeña escala en función de la tasa de carga másica del afluente, la concentración deseada de los efluentes y la tolerancia al riesgo. Un diseño elegido basado en el percentil 50 indica que un sistema alcanzaría la concentración del efluente deseada el 50% del tiempo. Se predeciría que un diseño elegido basado en la línea del percentil 90 alcanzaría la concentración de efluente deseada el 90% del tiempo (por ejemplo, nueve de cada diez veces), pero requeriría un área mucho más grande.

Ventajas del enfoque de los gráficos para cálculo por carga másica:

- Considera la concentración afluente y efluente (C_i and C_o), así como el caudal de entrada (Q_i).
- Inherentemente considera la concentración de fondo (C^*) y el flujo no ideal porque los gráficos se crearon a partir de datos de calidad del agua de sistemas a escala real.
- Permite al diseñador elegir el nivel de tolerancia al riesgo para un diseño dado.

Desventajas del enfoque de los gráficos para cálculo por carga másica:

- No tiene en cuenta explícitamente los coeficientes de velocidad de reacción (k_A o k_V) o de corrección de temperatura (θ).
- No considera explícitamente la geometría de la celda del humedal ni los enfoques de diseño específicos para minimizar el riesgo de obstrucción. Esto debe verificarse por separado.

Enfoque *P-k-C**

El área del humedal A se puede calcular reorganizando la Ecuación 2.13:

$$A = \frac{PQ_i}{k_A}\left(\left(\frac{C_i - C^*}{C_o - C^*}\right)^{\frac{1}{P}} - 1\right) = \frac{PQ_i}{k_V h}\left(\left(\frac{C_i - C^*}{C_o - C^*}\right)^{\frac{1}{P}} - 1\right) \quad (2.19)$$

Donde:

C_o = concentración de salida o efluente, mg/L

C_i = concentración de entrada o afluente, mg/L

C^* = concentración de fondo, mg/L

h = profundidad de agua del humedal, m

k_A = coeficiente superficial de primer orden modificado, m/d

k_V = coeficiente de reacción volumétrico de primer orden, 1/d

P = cantidad aparente de tanques en serie (TIS), adimensional

Q_i = caudal de entrada, m^3/d

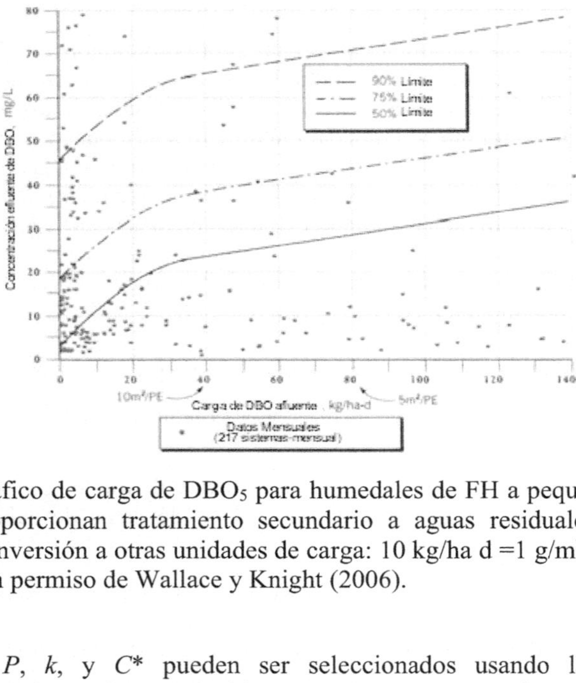

Figure 2.8 Gráfico de carga de DBO_5 para humedales de FH a pequeña escala que proporcionan tratamiento secundario a aguas residuales domésticas. Conversión a otras unidades de carga: 10 kg/ha d =1 $g/m^2 \cdot d$. Reimpreso con permiso de Wallace y Knight (2006).

Valores para *P*, *k*, y *C** pueden ser seleccionados usando la información proporcionada en la sección 2.3 (Tablas 2.6, 2.3, y 2.5, respectivamente), y el área del humedal, puede calcularse posteriormente. Los factores de corrección de temperatura (valores θ, Tabla 2.4) se pueden usar para ajustar las tasas *k* a las condiciones climáticas de una ubicación específica (si se conoce). Al igual que con todos los cálculos de diseño, es importante verificar que se usen las unidades apropiadas para cada valor elegido, de tal forma que el resultado tenga sentido.

Las ventajas del enfoque *P-k-C** incluyen:

- Considera la concentración de afluentes y efluentes (C_i y C_o), así como también la concentración de fondo (C^*).
- Considera el coeficiente de velocidad de reacción volumétrico o superficial (k_A or k_V) y el factor de corrección de la temperatura (θ).

- El diseñador puede elegir un nivel riesgo (50%, 80% o 90% de cumplimiento) para ciertas variables de diseño

Desventajas del enfoque *P-k-C** incluyen:

- Hay muchas variables para evaluar, y muchas solo tienen información limitada para seleccionar los valores de diseño apropiados, para una condición específica.
- El valor de *P* depende de la geometría de la celda del humedal, y su selección debe tener en cuenta esto.
- El diseñador debe estar extremadamente familiarizado con todo el material provisto en Kadlec y Wallace (2009) para comprender y ubicar la información de diseño requerida.

2.6 EVALUACIÓN DE LA EFICIENCIA DEL TRATAMIENTO

Esta sección analiza cómo las pérdidas de agua pueden influir en la evaluación de las eficiencias de eliminación y las concentraciones de los efluentes. Se vio en la Sección 2.2 (que discutió el balance hídrico en los humedales) que la ET es uno de los componentes importantes de este equilibrio. Cuando las pérdidas de ET son mayores que las ganancias por la precipitación (suponiendo un humedal sellado en el fondo y sin infiltración del agua subterránea), el flujo de salida será menor que el de entrada.

En períodos secos sin precipitaciones importantes, la ET puede jugar un papel importante en la reducción del flujo del efluente. ET no es simple de medir, pero los valores reportados pueden variar entre 0 y 50 mm/d (0 a 0.050 m^3 / $m^2 \cdot d$), y los estudios de investigación en Brasil indicaron valores de ET en el orden de 5 a 30 mm/d (0.005 a 0.030 m^3/m^2 d) para sistemas de FH (Costa, 2013). Dependiendo de la tasa hidráulica superficial aplicada (q o HLR) en la celda de humedal, esta pérdida puede representar una fracción importante. Por ejemplo, para q igual a 0.060 $m^3/m^2 \cdot d$ y un ET de 0.015 $m^3/m^2 \cdot d$, esto significa que el 25% del agua se pierde en la atmósfera, y el flujo del efluente será solo el 75% del afluente.

Por supuesto, esto afecta el TRH en el humedal y, como se mencionó en la Sección 2.2, los flujos promedio entre la entrada Q_i y la salida Q_o podrían usarse al calcular el tiempo de retención. Sin embargo, se hizo hincapié en que, por motivos de simplicidad, a menos que se indique lo contrario, solo se considera el flujo de entrada Q_i en los cálculos que se muestran en este volumen.

Las pérdidas de agua tienen otra implicación. El agua que se pierde a través de ET es agua pura (concentración de contaminante igual a cero). Esto significa que esta pérdida de agua tiene el efecto de aumentar las concentraciones de salida (mg/L). Tradicionalmente, en el tratamiento de grandes cantidades de aguas residuales, se asume caudal de afluentes y efluentes como iguales, lo que simplifica los cálculos de eficiencia. Sin embargo, debido a las pérdidas de ET en los humedales, los caudales de afluentes y efluentes pueden ser diferentes y las eficiencias de eliminación deben calcularse en función de los flujos másicos (Ecuación 2.20):

$$E = \frac{QiCi - Q_o C_o}{QiCi} \quad (2.20)$$

Donde:

E = eficiencia de eliminación
Q_i = caudal de entrada, m^3/d
C_i = concentración afluente, mg/L
Q_o = caudal de salida m^3/d
C_o = concentración efluente, mg/L

Esto proporciona una representación más precisa de la eficiencia de eliminación real del sistema de tratamiento. Por ejemplo, para una concentración de DBO_5 de entrada medida de C_i = 200 mg/L y una concentración de salida medida de C_o = 40 mg/L, la eficiencia de eliminación, basada en el cálculo simplificado, sería (200-40) /200 = 0.80 = 80%. Sin embargo, cuando los flujos son diferentes en el afluente y el efluente, si el humedal tiene un 25% de pérdida de agua a través de ET, la eficiencia de eliminación basada en las cargas sería [(1 × 200) - (1-0.25) × 40] / [1 × 200] = 0.85 = 85%, de acuerdo con la ecuación 2.20. Esta es la eliminación real que tuvo lugar en la celda del humedal. Al especificar las eficiencias de eliminación en un informe, el autor siempre debe especificar cómo se calculó la eficiencia de eliminación. Dentro del mismo concepto, la concentración del efluente medida es el resultado de la eliminación real que tuvo lugar, pero también del aumento de la concentración debido a las pérdidas de agua. Una forma de corregir esto y obtener la concentración de salida, independiente del ET, está dada por:

$$C\ Corregido = C\ medido\ (1 - fracción\ de\ agua\ perdida) \quad (2.21)$$

En el mismo ejemplo, la concentración de salida medida fue de 40 mg/L. El humedal tuvo un 25% de pérdida de agua. La concentración corregida, resultante solo de los mecanismos de eliminación, es 40 × (1-0.25) = 30 mg/L.Si no hubiera pérdidas de agua, esta sería la concentración del efluente medida, pero debido a que se perdió el 25% del agua, la salida se concentró más y se midió como 40 mg/L. En este volumen, a menos que se indique lo contrario, las concentraciones de salida se informan como las medidas. De hecho, los coeficientes de reacción (k_A y k_V) calculados en función de los datos medidos de campo de afluentes y efluentes, ya incorporan los efectos de los mecanismos de eliminación y la influencia de la pérdida de agua.

3 HUMEDALES DE FLUJO HORIZONTAL

3.1 INTRODUCCIÓN Y APLICACIÓN

La configuración del humedal de flujo horizontal FH fue originada con el trabajo pionero en Alemania a finales de 1960. En la literatura la abreviación FHSS es también frecuentemente usada, significando humedales construidos de flujo horizontal subsuperficial. Mientras que el diseño ha evolucionado para basarse típicamente en gravas o arenas en lugar de suelos limoso-arenosos, el concepto de trasiego de agua a través de un medio poroso todavía permanece.

Los humedales de flujo horizontal son usados para tratamiento secundario y terciario de agua residual doméstica, así como también para una variedad de efluentes industriales (Vymazal y Kröpfelová, 2008; Kadlec y Wallace, 2009). Para humedales de FH tratando aguas residuales domésticas, el tratamiento primario es generalmente mediante el uso de tanques sépticos o tanques Imhoff. Estos sistemas (FH) son ampliamente usados entre otros, en la República Checa, España, Portugal, Nicaragua y América del Norte, para el tratamiento de aguas residuales domésticas (Vymazal y Kröpfelová, 2008). En regiones de clima cálido es común encontrar humedales de FH precedidos por tanques sépticos, reactores anaeróbicos de flujo pistón o de bafles (RAFP, RAP) y sistemas anaerobios de manto de lodos de flujo ascendente (UASB). En el Reino Unido los humedales de FH son usados predominantemente para tratamiento terciario con más de 600 sistema en operación (CWA Database, 2011). En este escenario, el tratamiento secundario es a menudo obtenido usando unidades de tratamiento biológico como contactores biológicos rotatorios o filtros percoladores y los humedales de FH son usados como una etapa de pulimiento. Adicionalmente, combinación de FH con otros tipos de humedales (FV, FS) han sido usados en una variedad de sistemas híbridos.

En un humedal FH típico, el lecho de grava opera con flujo saturado y plantado con plantas macrófitas emergentes (Figura 3.1). El agua entra al sistema de tratamiento por uno de sus extremos, fluye a través del medio de grava, sin estar expuesto a la atmósfera, y es colectado en el lado opuesto de lecho para su descarga final. Una tubería vertical instalada en una arqueta externa, e independiente del lecho del humedal, controla el nivel de agua dentro del medio de grava. El lecho está aislado del terreno por una combinación de una lámina impermeabilizante plástico (Geomembrana HDPE) y una membrana de geotextil protegiendo ambas caras del plástico impermeabilizante

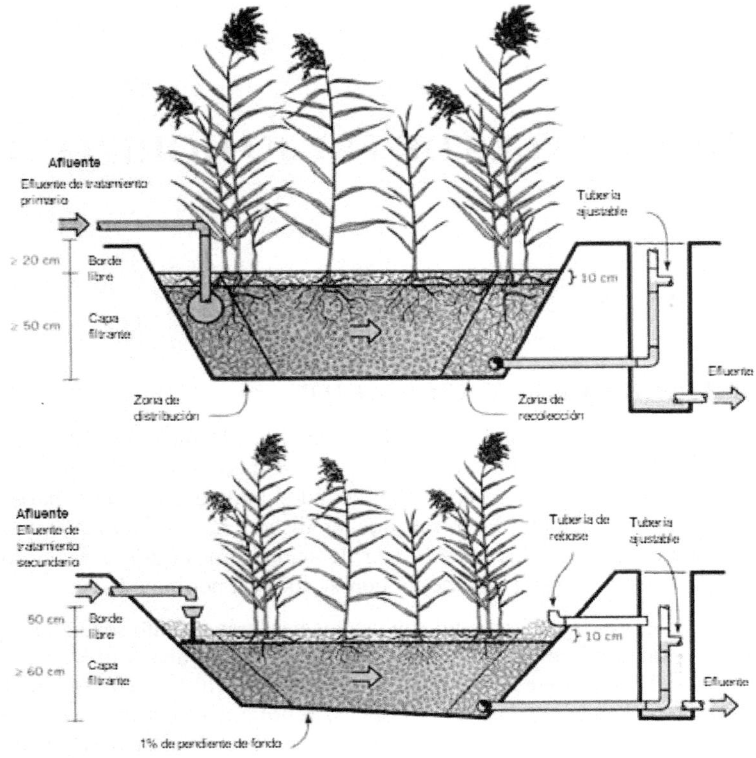

Figura 3.1 Esquema típico de un humedal de FH; Parte superior: Tratamiento secundario; Parte inferior: Tratamiento terciario de aguas residuales domésticas.

Para el tratamiento secundario de agua residual doméstica con HFs, la profundidad de la capa de grava (o de relleno) es generalmente de 0,5 a 0,7 m y el nivel del agua es mantenido entre 5 y 10 cm por debajo de la superficie. En aplicaciones de tratamiento terciario en el Reino Unido, la profundidad total de la excavación del es de entre 1,0 a 1,5 m, de los que unos 0,60 m están rellenos con grava. Los sistemas de FH en el Reino Unido son generalmente construidos con una pendiente longitudinal en la base (1%) para facilitar el drenaje del lecho si se necesita. El volumen restante del lecho (borde libre) es usado para almacenamiento de agua durante altos flujos o eventos de alta precipitación.

3.2 DISEÑO Y OBJETIVOS DE CALIDAD DE AGUA

La ruta microbiológica predominante de eliminación en humedales de FH es anaerobia. Cuando se usa para el tratamiento secundario de aguas residuales domésticas, los humedales de FH, generalmente son capaces de remover DBO_5 y SST hasta unos valores razonables (20 mg/L en el efluente), pero el desempeño de sistemas individuales depende en gran medida, de las concentraciones del afluente y en los tiempos de retención hidráulicos (TRHs). La remoción de nitrógeno total en

sistemas de FH es restringida por las condiciones anaerobias del lecho, las cuales limitan la nitrificación. Sin embargo, si hay suficientes nitratos y carbono en la columna de agua, los humedales de FH pueden ser muy efectivos para la desnitrificación. Fósforo en humedales de FH no es removido en forma sostenible a lo largo tiempo, a menos que se use un medio reactivo o precipitación química (Ver sección 6.2).

Hay múltiples guías de diseño para humedales de FH las cuales varían considerablemente. De acuerdo a las guías, los HFs pueden ser dimensionados usando simples requerimiento de área superficial (m^2/ hab-eq), máximas tasas de cargas por área (por ejemplo, $gDBO_5/m^2$-d) o métodos más sofisticados como gráficas de carga o el modelo de primer orden P-k-C* (Sección 2.3). La Tabla 3.1 resume los principales parámetros de diseño de humedales de FH para tratamiento secundario o terciario en algunos países seleccionados. En general, los criterios de diseño para el tratamiento de aguas residuales domesticas a nivel secundario mediante humedales de FH son bastante similares entre los diferentes países con las mismas condiciones climáticas.

La relación Largo: Ancho para humedales de FH a nivel secundario generalmente oscila entre 2:1 y 4:1, mientras que típicamente para sistemas terciaros el ancho es mucho mayor que el largo para maximizar el área transversal y reducir el potencial colmatación debido a las altas tasas hidráulicas aplicadas. Algunos diseñadores también aplican una mayor relación ancho largo en sistemas secundarios para tratar de minimizar la colmatación en sistemas altamente cargados. Muchas guías de diseño especifican una tasa de carga máxima asociada al área como una forma simple de explicación a constructores y usuarios del sistema. La suposición subyacente es que todos los lechos de FH tienen una profundidad estándar de 0,60 m relleno con material –un legado de las primeras creencias de que las plantas proveían la mayoría del tratamiento- y este valor se asumía como la máxima penetración de la raíz. Por ejemplo, el uso de una carga máxima por área transversal que es la carga aplicada en la sección ancho X alto de la entrada, se aleja de esta suposición y brinda la oportunidad de modificar la longitud y profundidad del lecho para obtener un tratamiento sostenible del agua residual. El ancho del lecho, sin embargo, es típicamente limitado a un máximo de 25 – 30 m para facilitar la distribución uniforme del flujo en cada celda del humedal.

La distribución y recolección del agua residual es de crítica para garantizar que los contaminantes entran en contacto con los microorganismos, a la vez que se evite la colmatación del lecho. Típicamente los lechos tienen un medio de relleno con mayor granulometría en ambos extremos (Figura 3.2). Los sistemas de recolección del efluente generalmente se construyen tuberías de drenaje agrícola, con orificios o ranuras, colocados a lo ancho del extremo final y en el fondo del lecho del humedal, conectados a una tubería que permita controlar la profundidad del agua dentro del lecho (Figura 3.2). Las estructuras de carga subsuperficial son típicamente tuberías con teés o perforaciones espaciadas uniformemente cada 10% del ancho del lecho (Vymazal y Kröpfelová, 2008), mientras que las estructuras de carga superficial son típicamente canales con vertederos en V espaciadas a intervalos de 2,5 m (Griffin *et al.*, 2008). En el pasado, se usaban tubos ascendentes, pero la experiencia demostró que era difícil mantenerlos limpios, fueron reemplazados por canales abiertos que se pueden limpiar fácilmente con una manguera de aspiración o una pala.

Table 3.1 Principales parámetros de diseño de humedales de FH para países seleccionados.

	Republica Checa	**España**	**Estados Unidos de América**	**Reino Unido**
Etapa de tratamiento	Secundario	Secundario	Secundario	Terciario
Pretratamiento	Rejillas + Tanque Imhoff	Rejillas + Tanque Séptico	Tanque Séptico	Sedimentación primaria + tratamiento biológico
Requerimiento específico de área superficial (m^2/ hab-eq)	5	10	5 - 10	0,7
Máxima tasa de carga orgánica superficial ($gDBO_5/m^2.d$)	-	6	4 - 8	2 – 13
Máxima tasa de carga orgánica transversal ($gDBO_5/m^2.d$)	-	-	250[a]	-
Tasa de carga hidráulica (mm/d)	-	20	20 - 40	200
Tamaño de grava (mm)	< 20	5 – 6	>4	10 – 12
Sistema de distribución	Tubería subsuperficial	Tubería subsuperficial	Tubería subsuperficial	Canal superficial
Referencia	Vymazal (1996) Vymazal y Kröpfelová (2008)	García y Corzo (2008)	Wallace y Knight (2006)	Cooper et al. (1996) Griffin et al. (2008)

[a] Este valor ha sido reducido a 100 g DBO_5/m^2-d en una reciente propuesta de Wallace (2014).

Figure 3.2 Ejemplos de estructuras civiles en humedales de FH; Izquierda: canal de distribución; derecha: estructura de control de nivel de agua.

Existe una variabilidad en la granulometría de los medios utilizados según el país y la preferencia del diseñador (Tabla 3.1). El efecto del tamaño de los medios sobre el tamaño del humedal se considera cuando se realizan cálculos hidráulicos para evitar el flujo superficial y se refleja en las tasas máximas de carga recomendadas para cada variación de diseño.

En Europa, los humedales de FH generalmente se plantan con caña común (*Phragmites sp.*). Los sistemas se pueden plantar con otros tipos de plantas, según las regulaciones locales y/o el clima. Por ejemplo, en los Estados Unidos, las plantas del género *Phragmites* se consideran una especie invasora, por lo que se usan otras especies como *Sagittaria latifolia*, *Schoenoplectus validus*, *Schoenoplectus acutus* e *Iris pseudacorus* (Wallace y Knight, 2006). En climas tropicales, plantas como *Cyperus, Typha, Helicornia* y *Canna sp.* han sido utilizadas (Rani *et al.*, 2011).

El papel de las plantas en los humedales de FH está relacionado principalmente con procesos físicos, como proporcionar una mayor superficie para el crecimiento microbiano adherido, y para proporcionar una mejor filtración de SST. En climas templados y fríos, el relleno puede proporcionar aislamiento térmico adicional durante el invierno. Sin embargo, en climas cálidos y áridos, puede ser necesario cosechar la vegetación de forma regular (anual o inclusive con mayor frecuencia). Esto se debe a que las condiciones climáticas favorecen la acumulación neta de residuos, aislando innecesariamente el lecho y reduciendo la capacidad de almacenamiento del humedal. Para los humedales de FH que proporcionan un tratamiento secundario de las aguas residuales domésticas, la contribución de la absorción de las plantas a la eliminación de nutrientes es mínima. La transferencia de oxígeno mediada por la planta ocurre, pero es mínima en comparación con la demanda de oxígeno ejercida por las aguas residuales entrantes (Brix, 1990; Tanner y Kadlec, 2003).

3.3 OPERACIÓN Y MANTENIMIENTO

Ningún sistema de tratamiento basado en humedales está libre de mantenimiento. El problema operativo más crítico para los humedales de FH es la colmatación. Esto ocurre cuando los espacios de los poros en los medios se obstruyen por la acumulación de sólidos (orgánicos o inorgánicos), en lugar de aguas residuales, lo que limita el área y tiempo de contacto entre la biopelícula y el agua. La colmatación puede ocurrir en cualquier tipo de filtro (biológico) y se ha reportado tanto para sistemas de FH como de FV (Knowles *et al.*, 2011). Para los humedales de FH que proporcionan tratamiento de aguas residuales domésticas, la colmatación es usualmente causada por exceso de carga orgánica y/o de sólidos en el lecho. Esto a menudo se debe al mantenimiento inadecuado del tanque séptico o el tratamiento primario (Humedales de FH como tratamiento secundario) o de los tanques de sedimentación final (humedales de FH como tratamiento terciario), o al mal dimensionamiento del propio humedal. Valores de tasas de carga hidráulica y de sólidos que se encuentran más allá de los recomendados se han sugerido como los principales factores que resultan en la colmatación de los sistemas de FH. Esto puede ser el resultado de un diseño inadecuado o de un uso deliberado de camas de FH para el almacenamiento de sólidos en lugar de tratamiento (Dotro y Chazarenc, 2014). En cualquier caso, la acumulación neta de sólidos en los poros resulta en un flujo superficial y en la colmatación del sistema. Se puede minimizar la colmatación y prolongar la vida útil del lecho mediante la adecuada selección de medios filtrantes (p. ej., grava frente a arena) y de las tasas de carga (verificando tanto las cargas hidráulicas como las de masa de contaminantes) como se explicó en el Capítulo 2, y asegurando que los procesos previos se mantengan correctamente para permitir que el lecho opere dentro del rango de diseño previsto.

Las verificaciones de rutina para la correcta operación y mantenimiento de los humedales FH incluyen:

- Tratamiento aguas arriba: tanques sépticos (tratamiento secundario FH) y tanques finales de sedimentación (tratamiento terciario FH) deben vaciarse regularmente para evitar arrastre de sólidos al humedal de FH. El intervalo de vaciado depende del tamaño del tanque séptico, pero debe realizarse al menos una vez al año. Una lógica similar se aplica a los tanques de sedimentación después de otras formas de tratamiento biológico antes de un FH terciario, con frecuencias de vaciado típicas para contactores biológicos rotatorios y filtros percoladores en un rango entre 30 y 90 días. El lodo que se ha eliminado de los tanques se puede tratar en el sitio en un humedal de tratamiento de lodos separado, o transportado a un sistema centralizado para su posterior procesamiento. Además, si se requiere bombeo, el equipo debe mantenerse de acuerdo con las especificaciones del fabricante (p. ej., lubricación).
- Sistema de distribución del afluente: la distribución desigual en la cabecera del lecho puede producir sólidos o carga orgánica sobre una pequeña sección del área de influencia prevista, resultando en colmatación. Para sistemas cargados en superficie, es importante asegurarse de que las aguas residuales se distribuyen uniforme y homogéneamente en el ancho del lecho del

humedal. Para humedales de FH que tienen carga subterránea, las tuberías de distribución deben ser correctamente diseñadas y deben contener puertos de inspección para que el cabezal de entrada se pueda lavar y / o limpiar periódicamente.

- Estructura de control de salida: se debe verificar la estructura de control de nivel de salida de forma rutinaria. El nivel del agua debe mantenerse entre 5 y 10 cm por debajo de la superficie de la grava. Si una disminución en la altura del control de salida de la estructura no produce una disminución en el nivel del agua dentro de la grava, puede ser necesario investigaciones más detalladas para evaluar el grado de colmatación en el lecho de grava.
- Acumulación de lodos superficiales (solo para humedales terciarios de FH cargados en la superficie): los sistemas de tratamiento terciario cargados en la superficie deben monitorearse para detectar acumulación de lodo. La acumulación de lodo en la zona de entrada de la cama debe ser medida una vez al año. En el plan de O&M, los límites de acción deben establecerse en desarrollar acciones de intervención (renovación) basadas en la tasa de acumulación de lodos (cm/año) y la capacidad de almacenamiento disponible dentro del borde libre de las celdas de los humedales.
- Vegetación: la vegetación de los humedales debe ser monitoreada para asegurar que especies no deseadas de plantas (malezas) no sobrepasen la comunidad de la planta prevista. En las dos primeras temporadas de crecimiento se deben eliminar maleza según sea necesario. En climas templados, la hojarasca de la plantas del humedal, una vez caídas, proporciona aislamiento adicional durante el invierno. En climas cálidos y áridos, el follaje puede acumularse indefinidamente y la cosecha de la planta puede ser necesaria.

Los problemas que surgen relacionados con el diseño, construcción y operación de humedales de FH incluyen:

- Mantenimiento incorrecto del pretratamiento: puede darse arrastre de sólidos debido a mantenimiento inadecuado de los componentes aguas arriba del tratamiento, ocasionando la liberación de sólidos al lecho y resultando en colmatación.
- Medios filtrantes inadecuados: solo grava lavada, redondeada o arena gruesa y limpia (sin arcillas ni limos) debe usarse como material de relleno en humedales de FH. Los medios sin lavar pueden contener un alto contenido de finos, que pueden resultar en la obstrucción de los lechos. Bordes afilados pueden dañar el revestimiento y proporcionan espacios vacíos menos favorables y afectan la porosidad.
- Distribución desigual del agua residual afluente: distribución desigual de las aguas residuales a lo largo del ancho del humedal pueden conducir a obstrucciones localizadas y flujos hidraúlicos preferenciales.
- Inadecuada selección del sitio y/o falta de borde libre: el flujo de aguas lluvias hacia el lecho del sistema de FH causar problemas si el humedal no

está construido con borde libre o si el sitio no fue seleccionado adecuadamente para interceptar y desviar la escorrentía fuera del humedal.

En situaciones donde un humedal de FH se ha colmatado, de tal manera que el agua fluye sobre la superficie de la cama, y evitando el tratamiento, o en el caso de que los efluentes ya no cumplan los requisitos de descarga, la renovación del lecho puede ser necesaria. La renovación que se ha implementado con mayor frecuencia en el Reino Unido, incluye la eliminación completa de los medios de grava. No se recomienda el reemplazo parcial del medio porque las aguas residuales fluirán preferentemente a través del medio limpio. La grava puede retirarse y disponerse fuera del sitio o lavarse en el sitio y regresarla al lecho (Murphy *et al.*, 2009). Otros métodos para aliviar las áreas obstruidas de humedales incluyen el uso de lombrices de tierra (Davison *et al.*, 2005; Li *et al.*, 2011) o la inyección de un agente oxidante tal como el peróxido de hidrógeno en el lecho de grava (Nivala y Rousseau, 2009). Sin embargo, hasta la fecha, estas alternativas solo se han aplicado a un pequeño número de sistemas a gran escala.

3.4 EJEMPLOS DE DISEÑO – SISTEMA EN SITIO

Diseñe un humedal de FH para una casa unifamiliar (5 hab-eq) en un clima templado. El valor objetivo de DBO_5 en el efluente es 30 mg/L.

Supuestos:

- Un tanque séptico como pretratamiento que remueve 1/3 de la carga de BOD_5.
- Una generación promedio de aguas residuales per cápita de 150 L/d y una generación per cápita de carga de DBO_5 de 60 g por persona-día (DWA, 2017).

Realice el diseño de acuerdo con los métodos descritos en el Capítulo 2:

- Regla general ("Reglas de dedo")
- Ecuación de regresión
- Flujo a pistón *k-C**
- Gráficos para calculo por carga másica
- *P-k-C**

Resumen de las entradas al humedal FH:

Afluente, Qi = 5 hab-eq x 150 $\frac{\text{L}}{\text{hab-eq}\cdot\text{d}} \text{ x } \frac{1\text{m}^3}{1000\text{ L}} = 0{,}75\ \frac{\text{m}^3}{\text{d}}$

Carga másica afluente, Mi = 5 hab-eq x 60 $\frac{\text{g DBO}}{\text{hab-eq}\cdot\text{d}} \text{ x } \frac{2}{3} = 200\ \frac{\text{gDBO}}{\text{d}}$

Concentración afluente, Ci = $\frac{M_i}{Q_i} = 200\ \frac{\text{g DBO}}{\text{d}} \div 0.75\ \frac{\text{m}^3}{\text{d}} = 266\ \frac{\text{mg DBO}}{\text{L}}$

Regla general

Elija una regla general. Por ejemplo, de acuerdo con la directriz danesa (Brix y Johansen, 2004) los humedales de FH tienen un tamaño de 5 m^2/PE.

A = 5 hab-eq × 5 m^2/ hab-eq = 25 m^2

Según la directriz danesa, se espera que con los humedales de FH con un tamaño de 5 m^2/ hab-eq, se logre una reducción del 90% en DBO_5, lo que debería dar como resultado una concentración de efluente con cerca de 25 mg/L (0,1 × 266 mg/L = 27 mg/L). Tenga en cuenta que cualquier aumento adicional en la calidad del agua afluente (p. ej., efluente del tanque séptico) daría como resultado un aumento en la concentración de DBO_5 esperada en el efluente del humedal.

Una relación longitud-ancho entre 2: 1 y 4: 1 es común para los humedales de FH. Si se elige una relación longitud-ancho de tres, se obtiene lo siguiente:

Conociendo:

$$A = l \times w$$

$$\frac{l}{w} = 3$$

Resolviendo para w:

$$w = \sqrt{\frac{A}{3}} = \sqrt{\frac{25}{3}} = 2{,}9\ m$$

Al elegir una relación longitud-ancho de tres, da como resultado un humedal que tiene 2,9 m de ancho por 8,7 m de largo (área total de 25,2 m^2).

Estas dimensiones, aunque exactas, no son prácticas para usar en el campo. Los diseños en ingeniería deben tener en cuenta la capacidad de construcción del sistema. Los sistemas de tratamiento de humedales pequeños, especialmente aquellos construidos para hogares individuales, a menudo son construidos por los propios propietarios o pequeños contratistas. Elegir unas dimensiones del humedal que sean fáciles de medir e implementar en el campo es un aspecto importante del proceso de diseño. Elegir un humedal de 3,0 m de ancho por 8,5 m de largo (total área de 25,5 m^2) da como resultado una relación longitud-ancho de 2,8 y dimensiones del sistema que son mucho más fáciles de medir e implementar durante la construcción. Al ajustar las dimensiones del lecho del humedal, es mejor, generalmente, aumentar el ancho en lugar de disminuirlo. Al disminuir el ancho se aumenta la carga orgánica total transversal y aumentan las posibilidades de obstrucción. La profundidad típica de saturación para un humedal FH que trata el efluente de un tanque séptico es 0,5 m.

Ecuaciones de regresión

Ejemplos de ecuaciones de regresión son dados en la Tabla 2.8. Un ejemplo de una ecuación de regresión para eliminación de DBO_5 en humedales FH es:

$C_o = (0{,}11 \times C_i) + 1{,}87$ (con las limitaciones de $1 < C_i < 330$ y $1 < C_o < 50$). La concentración esperada de DBO_5 en el efluente es entonces:

$$(0{,}11 \times 266\ mg/L) + 1{,}87 = 31\ mg/L$$

Tal sistema, en principio, debería producir un efluente de concentración de DBO_5 ligeramente superior a 30 mg/L, pero los cálculos no producen un área recomendada para el humedal.

Flujo a pistón k-C^*

Paso 1. Selección del valor de K

Localice el valor apropiado para k_A:
k_A = 25 m/yr (Tabla 2.3 para DBO_5 y percentil 50)

Paso 2. Verifique los parámetros de entrada y conversión de unidades, calcule el área mínima requerida

Como en cualquier ecuación ingenieril, es extremadamente importante verificar que las unidades sean consistentes. Equivocaciones al convertir Qi (que a menudo es dado en L/d) y k_A (que corrientemente se expresa en m/año) en unidades compatibles, puede producir cálculos incorrectos.

Los siguientes valores son convertidos a unidades correctas (cuando sea necesario) y la ecuación 2.21 puede ser usada:

Afluente,

$$Q_i = 5\,PE \times 150\,\frac{L}{PE} \times \frac{1\,m^3}{1000\,L} = 0{,}75\,\frac{m^3}{d} \times \frac{365\,d}{1\,año} = 273{,}75\,\frac{m^3}{año}$$

Concentración afluente,

$$C_i = \frac{M_i}{Q_i} = \frac{200\,\frac{gDBO}{d}}{0{,}75\,\frac{m^3}{d}} = 266\,\frac{mgDBO}{L}$$

Concentración efluente, $C_o = 30\,\frac{mg}{L}$ (Dado)

Concentración de fondo, $C^* = 10\,\frac{mg}{L}$ (Tabla 2.5)

Coeficiente superficial de primer orden modificado, $K_A = 25\,\frac{m}{año}$

$$A = -\frac{Q_i}{K_A} ln\left(\frac{C_o - C^*}{C_i - C^*}\right) = \frac{273{,}75\,\frac{m^3}{año}}{25\,\frac{m}{año}} ln\left(\frac{30\,\frac{mg}{L} - 10\,\frac{mg}{L}}{266\,\frac{mg}{L} - 10\,\frac{mg}{L}}\right)$$
$$= 27{,}9\,m^2$$

Paso 3. *Seleccionar las dimensiones del humedal*

Una relación longitud-ancho entre 2:1 y 4:1 es común para humedales de FH. Seleccionando una relación largo ancho de 3, se genera el siguiente cálculo:

Conociendo:

$$A = l \times w$$

$$\frac{l}{w} = 3$$

Resolviendo para w

$$w = \sqrt{\frac{A}{3}} = \sqrt{\frac{27{,}9}{3}} = 3{,}0\ m$$

Elegir una relación longitud-ancho de tres da como resultados un humedal que tiene 3,0 m de ancho por 9,3 m de largo (área total de 27,9 m^2). Estas dimensiones, aunque exactas, no son prácticas para usar en el campo.

Elegir un humedal de 3,0 m de ancho por 10,0 m de largo (área total de 30 m^2) da como resultado una relación largo-ancho de 3,3 y dimensiones del sistema que son mucho más fáciles de medir e implementar durante la construcción. La profundidad típica de saturación para un humedal de FH que trata el efluente de un tanque séptico es 0,5 m.

Paso 4. Verificación de la carga orgánica de la sección transversal

La colmatación es un problema común en humedales de FH y puede ocurrir cuando se seleccionan grandes relaciones largo ancho. Wallace y Knight (2006) recomiendan una carga máxima en la sección transversal de 250 g DBO_5/m^2-d.

La sección transversal del humedal es:

$$3\ m \times 0{,}5\ m = 1{,}5\ m^2$$

La carga de DBO_5 afluente al humedal es 200 g/d (calculado previamente). La carga orgánica en la sección transversal es entonces:

$$200\ \frac{gDBO}{d} \div 1{,}5\ m^2 = 133\ \frac{gDBO}{m^2 \cdot d}$$

Este valor está por debajo del máximo recomendado de 250 g DBO_5/m^2-d, así, no hay probabilidad de que el humedal se colmate en un mediano plazo.

Gráficos para cálculo por carga másica

Las cargas másicas pueden dar una indicación para la concentración del efluente basado en la carga másica afluente.

Paso 1. Seleccione el intervalo de confianza deseado

Seleccione el intervalo de confianza deseado en la carta (50%, 75% o 90%).

Un ejemplo de gráfica es presentado en la Figura 2.8. Una completa colección de gráficas puede encontrarse en Wallace y Knight (2006).

Ubique el correspondiente valor de concentración en el efluente y el correspondiente valor de tasa másica aplicada en el afluente.

Con los gráficos para cálculo por carga másica, la elección de un intervalo de confianza del 50% indica que 5 de cada 10 muestras del efluente tendrán una concentración por debajo de la concentración deseada siempre y cuando el humedal dimensionado tenga similares características del agua residual afluente y se localice en condiciones climáticas (templado) similares. Nuevos dimensionamientos con aguas residuales particulares, de concentraciones débiles o fuertes, o aquellos localizados en climas extremos, no deben usar la aproximación de los gráficos para cálculo por carga másica.

En este ejemplo, asumiendo condiciones climáticas similares y de aguas residuales, la línea asociada al 50% cruza la concentración del efluente de 30 mg/L a una carga aproximada de 90 kg/ha-d (referida a Figura 2.8).

Paso 2. Calcule el área requerida del humedal

Tasa de carga másica por unidad de área (del gráfico para cálculo por carga másica):

$$90\ \frac{kg}{ha \cdot d} \times \frac{1000\ g}{1\ kg} \times \frac{1\ ha}{10.000\ m^2} = 9\ \frac{g}{m^2 \cdot d}$$

La carga másica de DBO_5 afluente al humedal (de los supuestos) = 200 g DBO_5/d

La división de la carga diaria total afluente de DBO_5 por la carga másica de DBO_5 por unidad de área del humedal, da como resultado el área requerida del humedal:

$$A = \frac{200 \frac{gDBO}{d}}{9 \frac{g}{m^2 \cdot d}} = 22{,}2\ m^2$$

Nótese que la determinación del área del humedal es altamente dependiente de la concentración deseada del efluente. Si se desea una concentración de 20 mg/l en el efluente, el área requerida (basada en la información que brinda la carta) sería de aproximadamente 80 m^2. Adicionalmente, humedales de FH tratando efluentes de tanques sépticos no produce efluentes con bajas concentraciones, razón por la cual el uso de intervalos de confianza del 75% y 90% en este ejemplo, resulta en un cálculo de área muy grande o no puede usarse para propósitos de diseño.

Paso 3. Seleccionar las dimensiones del humedal

Una relación longitud-ancho entre 2:1 y 4:1 es común para humedales FH. Seleccionando una relación largo ancho de 3, se genera el siguiente cálculo:

Conociendo:

$A = l \times w$

$$\frac{l}{w} = 3$$

Resolviendo para w:

$$w = \sqrt{\frac{A}{3}} = \sqrt{\frac{22{,}2}{3}} = 2{,}7\ m$$

Elegir una relación longitud-ancho de tres da como resultados un humedal que tiene 2,7 m de ancho por 8,1 m de largo (área total de 21,9 m^2).

Elegir un humedal de 3,0 m de ancho por 8,0 m de largo (área total de 24 m^2) da como resultado una relación longitud-ancho de 2,7 y dimensiones del sistema que son mucho más fáciles de medir e implementar durante la construcción. La profundidad típica de saturación para un humedal de FH que trata el efluente de un tanque séptico es 0,5 m.

Paso 4. Verificación de la carga orgánica de la sección transversal

La colmatación es un problema común en humedales de FH y puede ocurrir cuando se seleccionan grandes relaciones longitud-ancho. Wallace y Knight (2006) recomiendan una carga máxima en la sección transversal de 250 g DBO_5/m^2-d.

La sección transversal del humedal es:

$$3{,}0 \text{ m} \times 0{,}5 \text{ m} = 1{,}5 \text{ m}^2$$

La carga de DBO_5 afluente al humedal es 200 g/d (calculado previamente). La carga orgánica en la sección transversal es entonces:

$$200 \frac{gDBO}{d} \div 1{,}5\, m^2 = 133 \frac{gDBO}{m^2 \cdot d}$$

Este valor está por debajo del máximo recomendado de 250 g DBO_5/m^2-d, así, no hay probabilidad de que el humedal se colmate en un mediano plazo.

Enfoque del modelo P-k-C*

Un enfoque actualmente sugerido para el dimensionamiento del humedal de tratamiento es la modificación de la ecuación de primer orden con una concentración de fondo distinta de cero *P-k-C**.

Paso 1. Selecciona el valor de la tasa k

Defina el valor apropiado para k_A:

k_A = 25 m/año (Tabla 2.3 y percentil 50)

Paso 2. Verifique los parámetros de entrada y conversión de unidades, Calcule el área mínima requerida

Como en cualquier ecuación ingenieril, es extremadamente importante verificar que las unidades sean consistentes. Equivocaciones al convertir Q_i (que a menudo es dado en L/d) y k_A (que corrientemente se expresa en m/año) en unidades compatibles, puede producir cálculos incorrectos.

Los siguientes valores son convertidos a unidades correctas (cuando sea necesario) y la ecuación 2.21 puede ser usada:

$C_i = 266 \frac{mg}{L}$ (calculado previamente)

$C_o = 30 \frac{mg}{L}$ (dado)

$C^* = 10\ \frac{mg}{L}$ (Tabla 2.5)

$P = 3$ (Tabla 2.6)

$Qi = 273{,}75\ \frac{m^3}{año}$ (calculado previamente)

$k_A = 25\ \frac{m}{año}$

$$A = \frac{PQ_i}{k_A}\left(\left(\frac{C_i - C^*}{C_o - C^*}\right)^{\frac{1}{P}} - 1\right) = \frac{3 \times 273{,}75\ \frac{m^3}{año}}{25\ \frac{m}{año}}\left(\left(\frac{266\frac{mg}{L} - 10\ \frac{mg}{L}}{30\ \frac{mg}{L} - 10\ \frac{mg}{L}}\right)^{\frac{1}{3}} - 1\right) = 44{,}0\ m^2$$

Paso 3. Seleccionar las dimensiones del humedal

Una relación longitud-ancho entre 2:1 y 4:1 es común para humedales de FH. Seleccionando una relación longitud-ancho de 3, se genera el siguiente cálculo:

Conociendo:

$A = l \times w$

$\frac{l}{w} = 3$

Resolviendo para w

$$w = \sqrt{\frac{A}{3}} = \sqrt{\frac{44{,}0}{3}} = 3{,}8\ m$$

Una relación longitud-ancho de tres da como resultado un humedal que tiene 3,8 m de ancho por 11,5 m de largo (área total de 44 m^2). Estas dimensiones, aunque exactas, no son prácticas para usar en el campo.

Como en los ejemplos previos, es mejor escoger dimensiones que sean fáciles de implementar durante la construcción.

Elegir un humedal de 4,0 m de ancho por 11,0 m de largo (área total de 44 m^2) da como resultado una relación longitud-ancho de 2,75. La profundidad típica de saturación para un humedal de FH que trata el efluente de un tanque séptico es 0,5 m.

Paso 4. Verificación de la carga orgánica de la sección transversal

La colmatación es un problema común en humedales de FH y puede ocurrir cuando se seleccionan grandes relaciones largo ancho. Wallace y Knight

(2006) recomiendan una carga máxima en la sección transversal de 250 g DBO_5/m^2-d.

La sección transversal del humedal es:

$$4{,}0 \text{ m} \times 0{,}5 \text{ m} = 2{,}0 \text{ m}^2$$

La carga de DBO_5 afluente al humedal es 200 g/d (calculado previamente). La carga orgánica en la sección transversal es entonces:

$$200\ \frac{gDBO}{d} \div 2{,}0\ m^2 = 100\ \frac{gDBO}{m^2 \cdot d}$$

Este valor está por debajo del máximo recomendado de 250 g DBO_5/m^2-d, así, no hay probabilidad de que el humedal se colmate en un mediano plazo.

Resumen

Cada método de diseño provee un resultado diferente del área del humedal de FH (Tabla 3.2):

Table 3.2 Resumen de áreas calculadas del humedal de FH para una casa familiar de 5 personas en un clima templado.

Método	Producirá el humedal una concentración efluente de 30 mg/L?	Área mínima calculada del humedal (m^2)	Área mínima práctica del humedal (m^2)
Regla general	Si	25,0	25,5
Ecuación de regresión	No	–	–
Flujo a pistón *k-C**	Si	27,9	30,0
Gráficos para cálculo por carga másica	Si	22,2	24,0
*P-k-C**	Si	44,0	44,0

Tenga en cuenta que el uso de ecuaciones de regresión no siempre puede proporcionar suficiente información para el dimensionamiento de humedales. El enfoque de la regla general es posiblemente el más fácil de usar, pero se debe tener cuidado de que el nuevo diseño se encuentre dentro de los supuestos que se utilizaron para desarrollar la recomendación de tamaño. El enfoque flujo pistón *k-C**, que a menudo es reportado en la literatura, ya no se recomienda su uso para diseño. En este ejemplo, el gráfico para calculo por carga másica proporciona el resultado menos conservador, que es la mitad del área del enfoque *P-k-C**. Para sistemas a pequeña escala, especialmente a nivel familiar, un sistema ligeramente sobredimensionado podrá hacer mejor frente a fluctuaciones en flujo y carga afluente. Sin embargo, a medida que aumenta el número de hogares, las fluctuaciones en el flujo y la carga disminuirán, con lo que sobredimensionar un sistema puede inflar los costos de construcción hasta el punto que el humedal ya no es una opción rentable como tratamiento. El enfoque *P-k-C** proporciona un diseño que explícitamente representa la información más actualizada sobre coeficientes de tasas de remoción, hidráulica y meteorización de contaminantes, así como concentraciones de fondo. Sin embargo, como todos los otros enfoques de diseño, solo es válido para las condiciones climáticas donde se ha desarrollado. La mayoría de la información de diseño disponible ha sido desarrollada en climas templados y no se puede aplicar individualmente en regiones de clima cálido.

En este ejemplo, el único contaminante objetivo era DBO_5 y, por lo tanto, es el escenario más simple para el diseño. En la práctica, tal como se mencionó en el Capítulo 2, la mayoría de los sistemas de tratamiento tienen múltiples objetivos de calidad del agua (p. ej., DBO_5, SST, NT). En tales casos, los cálculos deben repetirse para cada contaminante. El factor limitante dará como resultado el sistema de mayor huella y este valor debe seleccionarse para el diseño para garantizar que el sistema de tratamiento cumple con todos los objetivos de calidad del agua.

3.5 EJEMPLO DE DISEÑO – COMUNIDAD

Diseñe un humedal de FH para una comunidad pequeña (100 hab-eq) en un clima cálido. Suposiciones:

- El objetivo de efluente de DBO_5 es 30 mg / L.
- Se utiliza un reactor UASB para el pretratamiento, y el reactor UASB elimina dos tercios de la carga de DBO_5 (~ 67%, eficiencia de eliminación típica para reactores UASB - ver von Sperling, 2007a).
- Debido a que el reactor UASB proporciona un tratamiento biológico (aunque no es muy eficiente), el humedal recibirá un efluente de un tratamiento secundario.
- Suponga una generación promedio de aguas residuales per cápita de 120 L/d y una carga per cápita de DBO_5 de 50 g por persona y día.

Realice el diseño de acuerdo con el método *P-k-C**, que actualmente es el procedimiento preferido. Los otros métodos de diseño ya se han ilustrado en el anterior ejemplo (Sección 3.4).

El diseño del reactor UASB no se muestra aquí. El diseño de esta unidad es totalmente descrito y ejemplificado en el Volumen 4 (Reactores anaerobios) de esta serie (Chernicharo, 2007).

Resumen de las aguas residuales generadas (afluente para el reactor UASB):

Afluente, $Q_i = 100\,PE \times 120\,\frac{L}{PE \cdot d} \times \frac{1\,m^3}{1000\,L} = 12\,\frac{m^3}{d}$

Carga másica afluente, $M_i = 100\,PE \times 50\,\frac{gDBO}{PE \cdot d} = 5000\,\frac{gDBO}{d}$

Concentración afluente, $C_i = \frac{M_i}{Q_i} = 5000\,\frac{gDBO}{d} \div 12\,\frac{m^3}{d} = 417\,\frac{gDBO}{m^3} = 417\,\frac{mgDBO}{L}$

Resumen de las entradas al humedal de FH (efluente del reactor UASB):

Afluente, $Q_i = 12 \frac{m^3}{d}$

Carga másica afluente, $M_i = 5000 \frac{gDBO}{d} \times \left(1 - \frac{2}{3}\right) = 1667 \frac{gDBO}{d}$

Concentración afluente, $C_i = \frac{M_i}{Q_i} = 1667 \frac{gDBO}{d} \div 12 \frac{m^3}{d} = 139 \frac{gDBO}{m^3} = 139 \frac{mgDBO}{L}$

Paso 1. Selección de la tasa k

Defina el valor apropiado para k_A:

El valor de k_A para tratamiento de efluentes primarios es 25 m/año y para tratamiento de efluentes secundarios es 37 m/año (Tabla 2.3). Debido a que el tratamiento mediante reactores UASB es secundario, pero no es muy eficiente, un valor intermedio de K_A = 32 m/año (20°C) será adoptado en este diseño.

Paso 2. Verifique los parámetros de entrada y conversión de unidades, Calcule el área mínima requerida

Como en cualquier ecuación ingenieril, es extremadamente importante verificar que los niveles de las unidades son consistentes. Equivocaciones al convertir *Qi* (Que a menudo es dado en L/d) y k_A (que corrientemente se expresa en m/año) en unidades compatibles puede producir cálculos incorrectos.

$C_i = 139 \frac{mg}{L}$ (calculado previamente)

$C_o = 30 \frac{mg}{L}$ (dado)

$C^* = 7 \frac{mg}{L}$ (Valor ente 5 mg/L -efluente de tratamiento secundario- y 10 mg/L –efluente de tratamiento primario- Ver texto seguido a la Tabla 2.5)

$P = 3$ (Tabla 2.6)

$Q_i = 12 \frac{m^3}{d} \times 365 \frac{d}{año} = 4380 \frac{m^3}{año}$ (calculado previamente)

$k_A = 32 \frac{m}{año}$

$$A = \frac{PQ_i}{k_A}\left(\left(\frac{C_i - C^*}{C_o - C^*}\right)^{\frac{1}{P}} - 1\right) = \frac{3 \times 4380 \frac{m^3}{año}}{32 \frac{m}{año}}\left(\left(\frac{139 \frac{mg}{L} - 7 \frac{mg}{L}}{30 \frac{mg}{L} - 7 \frac{mg}{L}}\right)^{\frac{1}{3}} - 1\right) = 325\ m^2$$

Paso 3. Seleccionar las dimensiones del humedal

Para brindar flexibilidad operacional, dos humedales en paralelo serán adoptados (n=2). De aquí, el área de cada unidad será:

$$A_1 = A_2 = \frac{A_{Total}}{2} = \frac{325\ m^2}{2} = 162\ m^2$$

Una relación longitud-ancho entre 2:1 y 4:1 es común para humedales de FH. Seleccionando una relación longitud-ancho de 3, se genera el siguiente cálculo:

Conociendo:

$$A = l \times w$$

$$\frac{l}{w} = 3$$

Resolviendo para w

$$w = \sqrt{\frac{A}{3}} = \sqrt{\frac{162}{3}} = 7{,}3\ m$$

Por lo tanto, la longitud es *l* = 3 x *w* = 3 x 7,3 m = 21,9 m.

Adoptando valores redondos de longitud *l*=22,0 m y ancho *w*=8,0 m, se obtiene un área de 176 m^2 por unidad y un área total de 2x176 m^2 = 352 m^2.

Este valor de 352 m^2, para una población de 100 hab-eq corresponde a un requerimiento neto per cápita de área de 352/100 = 3,5 m^2/ hab-eq.

La profundidad para el líquido será adoptada como h=0,5 m, que es la profundidad típica de saturación para un humedal de FH.

Con estas dimensiones, el volumen saturado (medio y fase liquida) será:

- Cada unidad: $V_1 = V_2 = l \times w \times h$ = 22 m x 8 m x 0,5 m = 88 m^3
- Total: $V_{Total} = V_1 + V_2$ = 2 x 88 m^3 = 176 m^3

El volumen total del lecho del medio está comprendido por el volumen saturado más la altura por encima del nivel del agua. Adoptando una profundidad no saturada del medio de 0,10 m se obtiene una altura total del lecho de 0,5 + 0,1 = 0.6 m. El volumen total del lecho del medio de ambas unidades será entonces 2 x (22m x 8m x 0,6m) = 211 m^3.

Paso 4. Verificación del TRH y de la tasa de carga superficial

Asumiendo una porosidad de ε = 0,5, el TRH teórico será (Ecuación 2.9):

$$\tau = \frac{V \times \varepsilon}{Q_i} = \frac{176\ m^3 \times 0{,}35}{12\ \frac{m^3}{d}} = 5{,}1\ d$$

La resultante tasa de carga hidráulica superficial *q* será (ecuación 2.10):

$$q = \frac{Q_i}{A} = \frac{12 \frac{m^3}{d}}{352\ m^2} = 0{,}034\ \frac{m^3}{m^2 \cdot d} = 34\ \frac{mm}{d}$$

La tasa de carga orgánica superficial será:

$$\frac{M_i}{A} = \frac{1667 \ \frac{gDBO}{d}}{352 \ m^2} = 4{,}7 \ \frac{gDBO}{d}$$

Todos los valores de carga están dentro de valores razonables, de acuerdo con la literatura. Sin embargo, se sabe que, en varios lugares de clima cálido, los humedales de FH funcionan bien con tasas de carga más altas en comparación con los climas templados, es decir, con volúmenes y áreas más pequeños. El diseñador puede considerar que estos cálculos con el método *P-k-C** han sido demasiado conservadores para las condiciones climáticas en estudio, ya que la mayoría de la experiencia con su uso se encuentra en climas templados.

Para obtener más información y verificar el área de superficie resultante, se puede usar el diseño basado en los gráficos para cálculo por carga másica, ya que se demostró que es la menos conservadora de los enfoques de diseño. De la Figura 2.8, para un efluente con DBO_5 de 30 mg/L, la tasa de carga orgánica recomendada para un percentil 50 es 90 kg $DBO_5/(ha \cdot d)$, o 9,0 $gDBO_5/(m^2 \cdot d)$. Esto es casi el doble de la tasa de carga que resultó por el método *P-k-C ** (4,7 $gDBO_5/(m^2 \cdot d)$), lo que implica que el área superficial podría reducirse a la mitad. Por otro lado, si el percentil 75 es considerado en el diseño, la tasa de carga sería sustancialmente menor que el calculado a partir del modelo *P-k-C** a 1,5 $gDBO_5/(m^2 d)$. Regresando al percentil 50, la tasa de carga calculada a partir del modelo *P-k-C** de 4,7 $gDBO_5/(m^2\ d)$ corresponde a una concentración de DBO_5 en el efluente de 25 mg/L. Pequeñas diferencias en la calidad deseada del efluente pueden tener un impacto considerable en la superficie requerida.

Esta incertidumbre es típica en el diseño. El diseñador debe reflexionar sobre estas implicaciones y decidir sobre la adopción de un enfoque que ofrezca equilibrio correcto de seguridad y viabilidad. Esto también es un incentivo para el desarrollo de pautas de diseño que satisfagan las condiciones específicas de climas cálidos. Por el bien de este ejemplo, las dimensiones calculadas con el método *P-k-C** serán utilizadas.

Paso 5. Verificación de la tasa de carga orgánica de la sección transversal

La colmatación es un problema común en humedales de FH y puede ocurrir cuando se seleccionan grandes relaciones largo ancho. Wallace y Knight (2006) recomiendan una carga máxima en la sección transversal de 250 g DBO_5/m^2-d.

La sección transversal de cada unidad de humedal es:

$$8 \text{ m} \times 0{,}5 \text{ m} = 4 \text{ m}^2$$

La carga de DBO_5 afluente al humedal es 1667 $gDBO_5/d$ (calculado anteriormente), o, para cada unidad, Mi/n = 1667/2 = 834 $gDBO_5/d$ por humedal.

La carga orgánica en la sección transversal es entonces:

$$834\ \frac{gDBO}{d} \div 4{,}0\ m^2 = 209\ \frac{gDBO}{m^2 \cdot d}$$

Este valor está por debajo del máximo recomendado de 250 $gDBO_5/m^2$-d, así, no hay probabilidad de que el humedal se colmate en un mediano plazo.

Paso 6. Especifique otras dimensiones y detalles en las unidades de humedales

Debe preverse, en las zonas de entrada y salida, una zona de amortiguación con piedras más grandes para permitir una mejor distribución del afluente y recolección del efluente. Los valores habituales están entre 0,5 y 1,0 m de longitud. En el presente diseño, se adoptará un valor de 0,7 m. El tamaño de las piedras en estas zonas de entrada y de salida puede estar entre 10 y 20 cm.

El volumen de lecho adicional asociado con estas zonas es:

- Zona de entrada: $V = l \times w \times h = 0{,}7\ \text{m} \times 8\ \text{m} \times 0{,}6\ \text{m} = 3{,}4\ \text{m}^3$
- Zona de salida: $V = l \times w \times h = 0{,}7\ \text{m} \times 8\ \text{m} \times 0{,}6\ \text{m} = 3{,}4\ \text{m}^3$

El tamaño de grano en el lecho filtrante (granulometría) varía, de acuerdo con diferentes criterios de diseño. (ver Tabla 3.1). En el presente caso, para reducir aún más los riesgos de colmatación, un diámetro en el límite superior de los valores presentados en la Tabla 3.1 será adoptado: diámetro efectivo d_{10} = 16 mm.

Las dimensiones de excavación deben ser tales que permitan acomodar el lecho y el borde libre sobre la parte superior del lecho. En este ejemplo, un valor de 0,2 m es adoptado. Por lo tanto, la altura total a excavar es de 0,8 m, de los cuales 0,6 m es para el lecho (siendo 0,5 m saturado y 0,1 m no saturado) y 0,2 m es para el borde libre.

Las dimensiones calculadas son para las secciones rectangulares longitudinales y transversales. Las celdas de los humedales pueden construirse con taludes inclinados compactados con suelo de buena calidad para facilitar la construcción. En el caso de unidades con taludes inclinados, las dimensiones proporcionadas anteriormente son para el fondo del lecho saturado. Tenga en cuenta que algunos diseñadores prefieren usar la parte superior del lecho de grava para especificar la longitud, ya que esto es lo que será visible después de la construcción del humedal. Sin embargo, esto significará que el área y el volumen para el sistema de tratamiento serán más pequeños que las especificaciones de diseño, ya que la parte inferior de la cama efectivamente será más corta que el valor calculado. Por esta razón, algunos diseñadores (y qué se recomienda en este volumen) aplican la longitud calculada para el área de tratamiento en la parte inferior de la celda, lo que resulta en una cama más larga una vez que se construya el sistema. Para la especificación de pendientes de taludes y el cálculo de las dimensiones para un tronco piramidal invertido, se le recomienda al lector el Capítulo 9 del Volumen 3 (Estanques de estabilización) de esta serie de libros (von Sperling, 2007c).

Se puede adoptar una pendiente longitudinal en el nivel inferior o base, entre 0,5 y 1,0%, hacia el extremo de salida. Esto se hace para facilitar el vaciado del lecho, pero requiere trabajo adicional. En este ejemplo, no se incluyó la pendiente del fondo. El humedal estaría plantado con una especie bien adaptada para las condiciones climáticas de la región. Esto se puede verificar en varias fuentes de literatura de revistas académicas o libros (por ejemplo, Kadlec y Wallace, 2009). Por simplicidad, *Typha sp.* se selecciona aquí ya que está muy extendido en los climas cálidos de América del Sur.

Paso 7. Prepare dibujos esquemáticos del sistema

En la Figura 3,3, se presenta la disposición esquemática del sistema en vista en planta, y una sección longitudinal esquemática para una unidad se presenta en Figura 3.4. Ambos dibujos no están a escala. Las dimensiones longitud *l* = 22 m y ancho *w* = 8 m se miden en el fondo de los humedales (enfoque conservador). Con la pendiente lateral, las dimensiones en la parte superior son 23,6 m × 9,6 m.

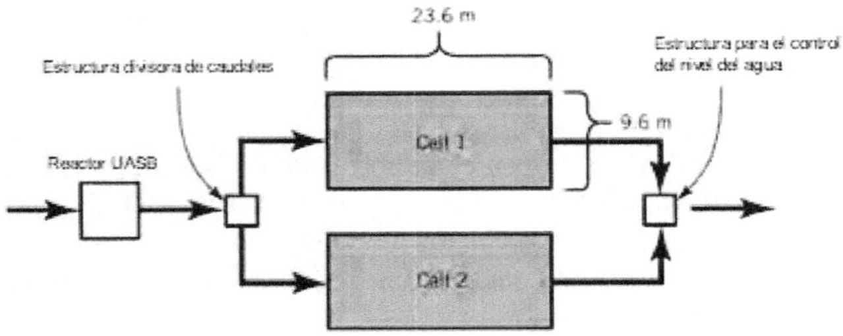

Figura 3.3 Disposición esquemática del sistema (sin escala).

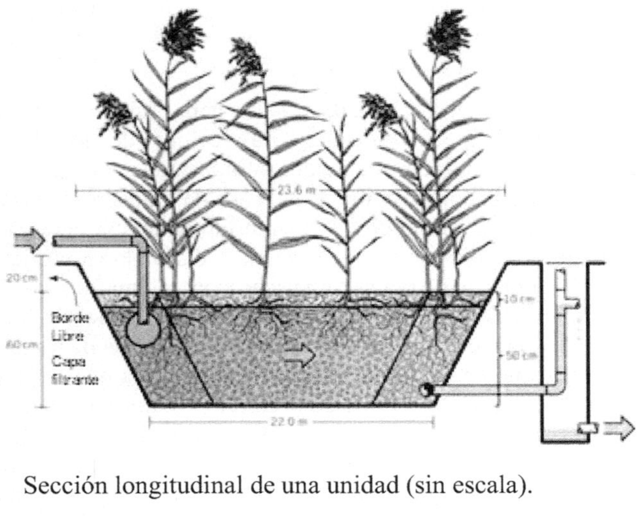

Figura 3.4 Sección longitudinal de una unidad (sin escala).

3.6 CASO DE ESTUDIO

Como caso de estudio se presenta el humedal de FH más antiguo de la República

Checa (Vymazal, 2009). El humedal de FH en Ondřejov fue construido en 1991 y ha estado en funcionamiento desde entonces. El humedal trata las aguas residuales de 360 personas en una sola cama de FH plantada con caña común (*Phragmites australis*). El sistema consta de un desarenador, un Tanque Imhoff y un lecho de FH de 806 m^2 lleno de grava (3 - 15 mm) (Figuras 3.5 y 3.6). El flujo medido promedio fue de 56,3 m^3/d, lo que resultó en un HLR de 70 mm/d (Vymazal, 2009).

La Tabla 3.3 muestra los datos de rendimiento del humedal FH en Ondřejov para el período 1991 a 2015. Las eficiencias de eliminación anuales promedio para este período han sido del 93% para DBO_5, 89% para DQO, 95% para SST, 41% para N-NH_4, 37% para NT (datos hasta 2004 solamente), y 46% para PT. Se ha reportado un rendimiento similar para otros humedales de FH en la República Checa (Vymazal, 2011) y otros países (Vymazal y Kröpfelová, 2008).

Figure 3.5 Humedal Ondřejov FH: trampa de arena (frente), tanque Imhof y cama vegetada de FH (atrás). Foto cortesía de Jan Vymazal.

Figure 3.6 Humedal de Ondřejov FH: lecho de FH con vegetación y distribución de la zona de entrada. Foto cortesía de Jan Vymazal.

Tabla 3.3 Datos de rendimiento para el humedal FH en Ondřejov para el período 1991 a 2015 (valores son promedios anuales, datos de 1991 a 2004 de Vymazal, 2009; datos de 2005 en adelante suministrados por Jan Vymazal; "-" Significa que el parámetro no fue medido en ese año.

Año	DBO_5		DQO		SST		$N\text{-}NH_4$		NT		PT	
	Entrada (mg/L)	Salida (mg/L)	Entrada (mg/L)	Salida (mg/L)	Entrada (mg/L)	Salida (mg/L)	Entrada (mg/L)	Salida (mg/L)	Entrada (mg/L)	Salida (mg/L)	Entrada (mg/L)	Salida (mg/L)
1991	168	16	660	62	108	5	56,5	2,5	-	-	14,2	2,5
1992	161	38	254	74	44	10	19,6	17,8	-	-	17,7	21,1
1993	152	28	445	88	257	18	29,8	22,6	41,8	21,8	6,4	5,8
1994	330	16	719	57	304	3	39,1	21,6	49,8	28,0	12,6	6,8
1995	83	13	188	35	67	5	17,7	17,0	34,6	21,1	4,2	4,8
1996	106	13	207	44	36	9	-	10,7	26,1	15,4		1,9
1997	112	13	-	45	-	23	-	23,0	57,2	27,0		6,0
1998	137	12	-	33	-	4	-	25,5	36,3	28,8		5,4
1999	493	27	-	79	-	7	-	40,0	86,9	49,0		8,1
2000	571	30	-	68	-	8	-	41,6	81,5	44,1		10,1
2002	169	15	190	36	66	2	40,3	33,1	57,1	34,1	8,3	7,0
2003	408	11	1047	40	463	9	39,6	20,8	58,2	28,5	24,0	7,7
2004	187	16	458	81	148	6	33,0	17,0	20,6	21,6	34,0	4,5
2005	204	16	558	51	515	20	33,6	23,1	-	-	6,0	3,4
2006	340	3	540	33	290	11	33,5	7,9	-	-	11,0	4,7
2007	360	8	580	53	310	13	13,7	8,5	-	-	5,8	1,6
2008	195	9	370	35	190	8	29,0	10,0	-	-	6,0	1,3
2009	220	12	450	58	200	10	54,0	10,0	-	-	7,0	3,0
2010	421	14	1032	64	710	6	17,0	15,5	-	-	7,1	3,2
2011	257	7	1060	41	355	8	50,0	28,0	-	-	7,2	3,2
2012	355	4	1210	29	596	3	38,3	24,0	-	-	6,5	3,5
2013	255	6	984	33	417	3	25,5	14,4	-	-	6,6	2,4
2014	305	11	974	26	818	6	33,1	23,5	-	-	5,0	3,9
2015	395	15	695	78	458	8	47,7	30,8	-	-	7,7	3,5
Promedio	**266**	**15**	**631**	**52**	**318**	**8**	**34,3**	**20,4**	**50,0**	**29,7**	**10,4**	**5,2**

4 HUMEDALES DE FLUJO VERTICAL

4.1 INTRODUCCION Y APLICACION

El humedal de flujo vertical tradicional (FV) ganó protagonismo en los 90s como resultado de los cambios de normas de descarga de aguas residuales tratadas descentralizadas en Europa (específicamente en Austria, Dinamarca y Alemania), países que empezaron a exigir la eliminación de nitrógeno amoniacal como condición para descargas de plantas pequeñas de tratamiento de aguas residuales. Los humedales de flujo vertical generalmente se usan para tratar aguas residuales secundarias domésticas. Existen diferentes variaciones en el diseño de humedales de FV (Stefanakis *et al.*, 2014), incluyendo el sistema de FV tipo francés (capítulo 5) y sistemas para tratamiento de lodos (sección 8.3). Adicionalmente, la combinación de FV con otros tipos de humedales (FH, FS) han sido usados en diferentes tipos de sistemas híbridos.

La Figura 4.1 muestra un diagrama típico de los FV usados en Europa. El lecho, relleno de arena /gravas se planta con macrófitas emergentes. Posterior al tratamiento primario se descarga secuencialmente en la superficie del lecho con volúmenes considerables para garantizar una buena y uniforme distribución para cubrir toda la superficie del lecho. El agua percola lentamente a través del sustrato, escurre y se recoge por medio de tuberías en el fondo del lecho. Entre cargas de aguas a tratar, los poros del medio filtrante se llenan de aire, saturando de oxígeno el lecho y así sostener los procesos microbianos aerobios. El lecho debe estar aislado por medio de una película impermeable plástica y membrana geotextil.

En países en donde las normas no permiten descargas de agua residuales en la superficie para evitar el contacto con los usuarios (ej. EEUU) y en regiones con bajas temperaturas, los sistemas de distribución son aislados con capas de gravas y/o con aserrines de madera. En los climas fríos, donde el congelamiento es un riesgo, los sistemas de distribución debe estar vacíos completamente entre descargas.

Debido a las altas condiciones oxidantes dentro del lecho, los humedales de FV son eficientes eliminando carbono orgánico (DBO_5 o DQO). Los humedales de FV son también aptos cuando procesos estrictamente aerobios son necesarios como en el caso de la nitrificación (Langergraber y Haberl, 2001; García *et al.*, 2010). Por tanto, los humedales de FV son normalmente usados como tratamiento secundario, así como también, para tratamiento terciario de aguas residuales domésticas. Los sistemas FV también son usados para tratar aguas lixiviadas de vertederos y aguas residuales de procesadoras de alimentos, las cuales usualmente contienen altas concentraciones de amonio y/o carbono orgánico (por encima de cientos de miligramos por litro) (Kadlec y Wallace, 2009), como también otras aguas residuales resultantes de procesos agroindustriales tales como efluentes de producción de aceite de oliva, lácteos y efluentes de ganadería (Stefanakis *et al.*, 2014).

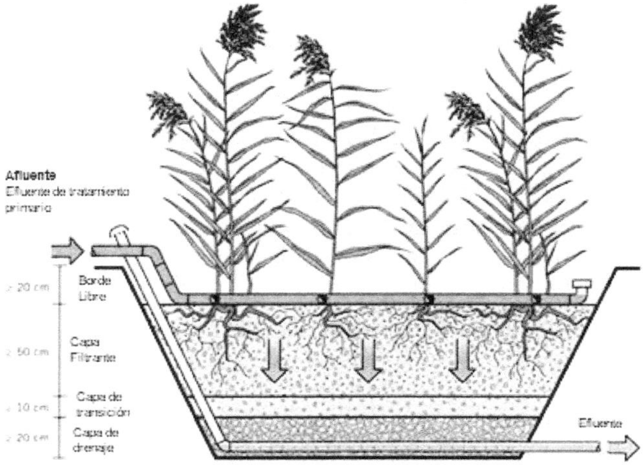

Figure 4.1 Esquema de un humedal típico de FV en Europa.

Tal como se ha enfatizado en este volumen (especialmente en el Capítulo 2), Las condiciones no saturadas del medio filtrante implican ciertas consideraciones hidráulicas, la modelación y las especificaciones de diseño que son exclusivas para rellenos saturados (humedales de FH) no son aplicables para estos humedales. Estas observaciones se hacen para evitar el uso de conceptos no adecuados para el diseño de humedales de FV no saturados y cargados secuencialmente.

4.2 DISEÑO Y OBJETIVOS DE CALIDAD

En general, los contaminantes que son degradados aeróbicamente son fácilmente eliminados con humedales de FV. Para aguas residuales domésticas y urbanas la materia orgánica (DBO_5 y DQO) y el amonio son principalmente eliminados por procesos microbiológicos aerobios. Los sólidos (SST) y los organismos patógenos son eliminados principalmente por filtración. El tratamiento resultante en un humedal de FV está directamente relacionado con el material de relleno usado. Si se rellena el lecho con material con una granulometría fina, el tiempo de retención hidráulica es mayor, usualmente permitiendo eficiencias de eliminación mayores; sin embargo, limita la carga hidráulica superficial pues los tiempos de infiltración son mayores y el potencial de colmatación aumenta. Usar material con granulometría más gruesa permite cargas hidráulicas mayores y disminuye la probabilidad de colmatación, pero como resultado, las eficiencias de eliminación son menores. Sin embargo, esto puede ser parcialmente solucionado en algunos casos, aumentando la profundidad de la capa de tratamiento. Las guías de diseño de humedales de FV disponibles a la fecha están basada en "reglas generales" y sugieren área determinada para el tratamiento (Brix y Johansen, 2004; DWA, 2017; ÖNORM, 2009)

La Tabla 4.1 resume los parámetros principales de diseño de humedales de FV en

Dinamarca, Alemania y Austria. En general los parámetros de diseño son similares en estos países. Estas guías aconsejan sobre el diseño de humedales de FV para poder cumplir con las normas de descarga locales. La guía de diseño danesa establece que: cuando un humedal de FV es diseñado de acuerdo con la guía, eliminará 95 % de DBO_5 y el 90% de amonio y, por tanto, cumplir con la norma legal (ej.: concentración menor a 10 mg/L de DBO_5 y de 5 mg/L $N\text{-}NH_4/L$ en el efluente). En la regulación de Austria y Alemania, la nitrificación no es requerida durante el invierno, por tanto, el límite en concentración de 10 mg $N\text{-}NH_4/L$ solo se debe cumplir si la temperatura del agua está por encima de 12°C (en Austria, es válido para plantas que sirvan a poblaciones por debajo de 500 habitantes equivalentes, y en Alemania, para plantas de tratamiento que sirvan por debajo de 1,000 habitantes equivalentes; para plantas sirviendo mayores poblaciones, otras restricciones más exigentes se aplican).

Además de los parámetros presentados en la Tabla 4.1, todas las guías exigen una capa de drenaje en el fondo del lecho y una capa de transición (ej. 10 cm de grava de 4 – 8 mm de diámetro) entre el filtro principal y la capa de drenaje. La capa intermedia evita que las partículas de la capa filtrante principal migren hacia la capa de drenaje. La capa de gravas gruesas en la zona de drenaje facilita un buen drenaje, y junto con el sistema de tuberías de vaciado, permiten la oxigenación de las capas inferiores del lecho. Para evitar la migración de las gravas finas hacia las gravas gruesas inferiores, se debe usar la regla de Terzaghi $D_{15}/d_{85} \leq 4$ (donde D corresponde a la capa de transición y d a la capa principal) (Sherard *et al.*, 1984).

Las guías de diseño incluyen una capa superior de gravas (ej.: 4 – 8 mm), que no es obligatoria, pero que sirve para prevenir la erosión que puede generar la carga secuencial, como también, para evitar la exposición de agua en la superficie. Adicionalmente, la capa superior aumenta el aislamiento térmico y asegura temperaturas más altas dentro del filtro durante el invierno (cerca de 1 – 2°C por cada 15 cm de capa superior). Sin embargo, la presencia de esta capa superior reduce la difusión de oxígeno a la capa principal y limita el movimiento de las plantas emergentes de tal manera que no pueden moverse y ayudar a romper la superficie durante los periodos cuando no se distribuye agua en la superficie. Ambos fenómenos llevan a la disminución de la degradación de materia orgánica particulada en la superficie de la capa filtrante y se aumenta el riesgo de colmatación. Si se debe utilizar una capa superficial, ésta debe ser limitada a un espesor de 5 – 10 cm (Langergraber *et al.*, 2009a).

Las plantas más usadas en humedales de FV son las macrófitas emergentes, generalmente *Phragmites australis* (carrizos comunes). La función principal con respecto a la eliminación contaminantes tiene que ver con procesos físicos. Las raíces de las plantas aportan superficie para facilitar el crecimiento de bacterias adheridas, y adicionalmente, está demostrado que las raíces ayudan a mantener las propiedades hidráulicas dentro del filtro. La cubierta vegetal protege la superficie del lecho de la erosión. En climas estacionales, los detritos de las plantas una vez éstas senescen, aportan una capa de aislamiento térmico durante el invierno. La asimilación de nutrientes por las plantas, no juega un papel tan importante si se compara con los procesos de degradación microbiológicos.

Si las plantas no se cosechan y por efecto de la descomposición, algunos de los nutrientes acumulados durante el crecimiento se lixivian, lo cual puede resultar en un aporte secundario de contaminación al humedal. Algunas plantas también pueden liberar compuestos orgánicos, que son útiles para potenciar procesos de desnitrificación. Si se compara la cantidad de oxígeno aportada por la atmosfera debido a la carga secuencial, el aporte de oxígeno transferido y liberado a través de las raíces no juegan un papel importante en los humedales de FV (Brix, 1997).

Tabla 4.1 Principales parámetros de diseño de humedales de FV que tratan aguas residuales domésticas

Parámetro de diseño	Dinamarca[a]	Alemania	Austria
Tamaño mínimo	5 hab-eq	4 hab-eq	4 hab-eq
Tratamiento primario (tanque séptico)	2 m^3 para una sola casa (5 hab-eq)	0,3 m^3/ hab-eq (min. 3 m^3)	0,25 m^3/ hab-eq (min. 2 m^3)
Área superficial especifica requerida (m^2/ hab-eq)	3	4	4
Max. tasa de carga orgánica (g DQO/$m^2 \cdot$d)	27	20	20
Capa principal			
Material de filtro	Arena	Arena 0,06 – 2 mm	Arena 0,06 – 4 mm
Profundidad (cm)	100	> 50	> 50
d_{10} (mm)	0.25 – 1.2	0.2 – 0.4	0.2 – 0.4
d_{60} (mm)	1 – 4	-	-
U = d_{60}/d_{10}	< 3.5	< 5	-
Sistema de distribución	-	Mínimo un orificio de apretura por m^2	Mínimo un orificio de apretura por 2m^2
Referencia	Brix y Johansen (2004) Brix y Arias (2005)	DWA (2017)	ÖNORM B 2505 (2009)

[a]para humedales VF de hasta 30 hab-eq, las directrices danesas exigen la recirculación del 50% del efluente a la primera cámara del tanque séptico.

La alimentación secuencial en los humedales de FV se logra usando una bomba, y en caso de que la topografía lo permita y haya suficiente diferencia de altitud, la alimentación del sistema se puede hacer por medio de un sifón (el cual no requiere aporte de energía). En cualquier caso, se debe garantizar una distribución uniforme del agua residual sobre la superficie para hacer uso de todo el volumen del lecho. La máxima tasa de carga hidráulica superficial no debe exceder 80 L/m^2 d (0,08 m^3/m^2 d) (DWA, 2017), con intervalos de alimentación $\geq$ 6 horas (DWA, 2017), o entre 3 y 6 horas (ÖNORM, 2009).

Las tuberías de distribución deben tener un diámetro de al menos 40 mm con perforaciones de diámetro no menores a 8 mm para evitar taponamiento de los orificios con sólidos. Para humedales de una sola etapa, y de acuerdo con las guías de diseño alemana y austriaca, los agujeros en las tuberías deben estar uniformemente distribuidos y con un mínimo de 1 agujero por m^2. Para evitar el posible congelamiento de agua dentro de las tuberías de distribución, se debe asegurar que no quede agua acumulada dentro de las tuberías, una vez se haya distribuido agua (DWA, 2017; ÖNORM, 2009).

En humedales más grandes (> 100 hab-eq.), es usual dividir el área total en varios lechos, los cuales pueden ser alimentados independientemente, de tal manera que habrá al menos un lecho en reposo y sin recibir carga. Las guías de diseño alemanas (DWA, 2017) recomiendan que para humedales de FV, un cuarto del área total de tratamiento esté sin recibir carga. Las guías de diseño Austriacas (ÖNORM, 2009) recomienda un área máxima de 400 m^2 por lecho para lograr una distribución uniforme de agua en la superficie.

Las guías de diseño existentes han sido desarrolladas para zonas geográficas estacionales, donde la operación durante el invierno es el periodo más crítico. La ralentización de los procesos de degradación durante el invierno, por efecto de las bajas temperaturas, limitan la carga orgánica a tratar en los humedales de FV sin que haya colmatación del lecho. Sin embargo, en climas más cálidos o cuando se opera de manera estival, las superficies específicas necesarias para el tratamiento se reducen. Experiencias de Austria, han demostrado que, si solo se opera durante el verano, se obtienen eficiencias similares con humedales de FV con áreas de tratamiento de 2 m^2/Hab.-eq., lo que implica temperaturas del agua efluente $\geq$ 10°C (Langergraber *et al.*, 2007).

Es posible encontrar referencias en el uso de humedales de FV en climas cálidos provenientes de diferentes regiones. Además de la reducción de área, en regiones cálidas es posible aumentar las tasas de cargas hidráulicas aplicadas de hasta 200 mm/d (Hoffmann *et al.*, 2011; Stefanakis *et al.*, 2014).

Una alternativa para el diseño de humedales de FV, basado en la demanda de oxígeno de diseño, fue propuesto por Platzer (1999). Este modelo se basa en calcular la demanda de oxígeno para efectuar los procesos aerobios (Oxidación de la DQO y nitrificación). El criterio de diseño consiste en que el aporte de oxígeno (OI) debe ser mayor que la demanda de oxígeno:

$$OI[g/d] - OD[g/d] > 0 \qquad (4.1)$$

$$OD[g/d] = OD_{DQO} + OD_{Nitrificación} + OD_{Desnitrificación} \qquad (4.2)$$

$$OI[g/d] = OI_{Difusión} + OI_{Convección} \qquad (4.3)$$

Donde:

OI = aporte total de oxígeno, g/d

OD = demanda total de oxígeno, g/d

OD_{DQO} = demanda de oxígeno debido a la descomposición de la materia orgánica, g/d

$OD_{Nitrificación}$ = demanda de oxígeno debido a la nitrificación, g/d

$OD_{Denitrificación}$= reducción de la demanda de oxígeno por efecto de desnitrificación parcial, g/d

$OI_{Difusión}$ = aporte de oxígeno debido de la difusión, g/d

$OI_{Convección}$ = aporte de oxígeno debido a la convección, g/d

De acuerdo con Platzer (1999), la demanda de oxígeno en humedales de FV debido a la descomposición de material orgánico se calcula con 0,7 gO_2/g DQO y una eliminación promedio del 85% para DQO. La demanda de oxígeno por nitrificación se calcula con 4,3 gO_2/g nitrógeno Total Kjeldahl (NTK) y el oxígeno recuperado por el proceso de desnitrificación es de 2,9 g O_2/g NTK. Si se asume una nitrificación completa y cerca del 10% de desnitrificación en humedales de FV, la demanda de oxígeno se puede calcular como se muestra a continuación:

$$OD_{DQO} = 0{,}85 \times 0{,}7\ \frac{g\ O_2}{L} \times DQO_{\ IN} \qquad (4.4)$$

$$OD_{Nitrificación} = 4{,}3\ \frac{g\ O_2}{g\ TKN} \times NTK_{IN} \qquad (4.5)$$

$$OD_{Desnitrificación} = 0{,}1 \times 2{,}9\ \frac{g\ O_2}{g\ NTK} \times NTK_{IN} \qquad (4.6)$$

donde:

OD_{DQO}= demanda de oxígeno debido a la descomposición de la materia orgánica, g/d

$OD_{Nitrificación}$= demanda de oxígeno debido a la nitrificación, g/d

$OD_{Desnitrificación}$= reducción de la demanda de oxígeno por desnitrificación parcial, g/d

$DQO_{\ IN}$=carga de DQO en el afluente, g/d

NTK_{IN}=carga de NTK en el afluente, g/d

El aporte de oxígeno por difusión está calculado a razón de 1 g O_2/h·m². El tiempo de saturación, después de cada descarga de agua debe ser descontado del tiempo entre descargas. Platzer (1999) afirma que el aporte de oxígeno por difusión no se presenta antes de un tiempo de 1,5 h posterior a cada descarga. El aporte de oxígeno por difusión se puede calcular como se muestra a continuación:

$$OI_{Difusión} = 1\left[\frac{g\ O_2}{h\ \times m^2}\right] \times A[m^2] \times \frac{24[h] - 1{,}5[h] \times n_{cargas}}{1[d]} \qquad (4.7)$$

Donde:

$OI_{Difusión}$ = aporte de oxígeno por efecto de la difusión, g/d

A = área superficial, m²

n_{cargas} = número de cargas diarias, adimensional

Para calcular el aporte de oxígeno por convección, Platzer (1999) afirma que la convección es proporcional a la carga hidráulica. Como el aire contiene 300 mg O_2/L de oxígeno el aporte se puede calcular como:

$$OI_{Conveción} = 0{,}3\left[\frac{g\ O_2}{L}\right] \times V_{cargado}\left[\frac{m^3}{d}\right] \times 1000\left[\frac{L}{m^3}\right] \qquad (4.8)$$

Donde:

$OI_{Conveción}$= aporte de oxígeno por convección, g/d

$V_{descargadas}$= caudal de agua diario, m³/d

El modelo de diseño, basado en la demanda de oxígeno, se ha usado con frecuencia en América Latina, y a la fecha hay bastante experiencia (Platzer *et al.*, 2016).

En un humedal de FV de una sola etapa, la eliminación de NT se limita a alrededor de un 20 a 30%. Existen dos opciones que han demostrado ser exitosas si es necesario eliminar más nitrógeno:

1. Recirculación (ver sección 6.3): el efluente del humedal de FV se recircula al tratamiento primario donde el agua rica en nitrato entra en contacto con la materia orgánica. Esto ayuda a la desnitrificación adicional. La eliminación de nitrógeno total dependerá entonces de las tasas de recirculación. El aumento de las tasas de cargas hidráulicas generalmente resulta en aumento del tamaño del sistema (si se diseña específicamente para recircular) y como consecuencia se incrementan los costos por bombeo.
2. Uso de material de granulometría más gruesa, en combinación con la inundación (saturación) de la zona de recogida y descarga. (ver sección 6.4): Al usar arenas gruesas como material de relleno principal (ej. 1 – 4 mm o 2 – 3 mm) una porción del sistema de drenaje se inunda, y por lo tanto se pueden alcanzar eliminaciones de NT entre of 60 – 70%, sin necesidad de recircular efluentes tratados (Langergraber *et al.*, 2011).

Además de depurar aguas secundarias, los humedales de FV son también usados para tratar efluentes terciarios. El principal parámetro de diseño de los humedales de FV cuando se tratan efluentes en climas estacionales es una carga orgánica máxima de diseño de 20 g COD/m²·d. En comparación con los humedales de FV para tratamiento secundario, los HLR en humedales de FV para tratamiento terciario pueden ser más altas y, por lo tanto, el requisito de superficie específica puede reducirse. Las directrices de diseño alemanas (DWA, 2017) recomiendan que el HLR de los humedales para tratamiento terciario no debe exceder los 120 L/m²·d (0,120 m³/m²·d) y el intervalo entre cargas no debe ser inferior a 3 horas.

4.3 OPERACIÓN Y MANTENIMIENTO

El principal problema de los humedales de FV es la colmatación, debido a la eliminación insuficiente material particulado en la etapa de tratamiento primario (por ejemplo, tanque séptico). Si el lodo o los sólidos suspendidos no es removido, será descargados en la superficie del filtro y lo colmatará. Otros problemas operativos pueden resultar de un diseño pobre y/o problemas durante la fase de construcción. (adaptado de Mitterer-Reichmann, 2012):

- Protección insuficiente de la superficie de los humedales de FV contra escorrentía superficial: el sustrato del área circundante es lavado y trasportado a la superficie del filtro durante por escorrentía durante eventos de lluvia y causa la colmatación de las capas de grava y arena. Para evitar esto, se deben establecer borde libre alrededor del lecho filtrante

- Medio filtrante inadecuado: por razones económicas y sustentables, se busca que las grava y arenas provenga de sitios lo más cercanos posibles al lugar de implementación. Cuando se usan nuevos proveedores, se debe comprobar la granulometría de la arena. El principal problema ocurre cuando la distribución del tamaño de grano es muy fina y/o cuando la arena o gravas sin lavar contiene grandes cantidades de material fino, lo que puede provocar colmatación en el lecho.

- Pendiente desigual en el lecho filtrate: la acumulación de agua en la superficie del lecho por efecto de una mala nivelación de la superficie, puede provocar encharcamientos, que pueden resultar colmatación.

- Sistema de carga intermitente: la distribución desigual de aguas residuales en la superficie causa cargas desiguales en partes del humedal de FV que puede resultar en encharcamiento en la superficie (y eventualmente colmatación). Por lo tanto, la red de distribución y los orificios de descarga deben distribuirse uniformemente sobre la superficie del lecho y debe garantizar una distribución uniforme y homogénea de las aguas residuales. Además, es esencial que las tuberías se vacíen completamente después de cada carga. Perforar un orificio a lo largo de cada ramal de distribución orientado hacia abajo puede facilitar el vaciado de las tuberías.

- Tratamiento primario usando tanque séptico: una pobre calidad del concreto usada en la construcción puede resultar en corrosión y filtración de lodos. Erosión de las paredes del tanque séptico puede ocurrir en algunos casos, que ocasiona pérdidas de aguas residuales al medio ambiente. Los tanques sépticos son sistemas anaerobios que pueden producir malos oleres y acumulación de metano, en caso de que no haya suficiente ventilación en el tanque, se debe perforar la tapa del tanque séptico para asegurar una circulación de aire.

Requerimientos para regular la O&M de humedales de FV que incluyen (adaptado de Mitterer- Reichmann, 2012):

- Registros de mantenimiento: los propietarios del sistema deben verificar la nitrificación del humedal, midiendo el nitrógeno amoniacal en el efluente utilizando un kit de prueba al menos mensualmente. La medición debe registrarse en un "libro de mantenimiento", junto con todo el trabajo de mantenimiento realizado y los problemas operativos que se produzcan.

- Tratamiento primario: el lodo de la unidad de tratamiento primaria debe retirarse para evitar la pérdida de lodo y sólidos a los lechos. El intervalo de vaciado depende del volumen del tanque, pero los lodos deben eliminarse al menos una vez al año. El lodo puede estabilizarse en un humedal para tratamiento de lodos, o transportarse a una planta centralizada de tratamiento de aguas residuales para su posterior tratamiento.

- Carga intermitente: la carga intermitente se puede verificar y calcular conociendo el diámetro y midiendo la diferencia de altura en el pozo (arqueta) antes y después de un evento de carga.
- Sifones: después de un tiempo prolongado de uso, las juntas (empaques) de los sifones pueden degradarse, volverse porosa y permitir que aguas residuales se filtren continuamente hacia el filtro y, por lo tanto, solo se cargue una parte del filtro del humedal de FV. Si las filtraciones no se detectan, y continuamente descargan aguas al filtro estas pueden obstruir después de un tiempo. Además, las tuberías flexibles del sifón pueden quebrarse por efectos mecánicos. Por lo tanto, el dispositivo de carga debe revisarse al menos una vez al mes.
- Redes de distribución: para evitar la congelación de las aguas residuales en las tuberías del sistema de distribución entre pulsos, es fundamental, que después de cada descarga de agua en el lecho, no quede agua retenida en las tuberías. Esto debe comprobarse al menos en otoño y en caso después de cosechar las plantas de los humedales (si se hace).
- Plantas del humedal: durante el primer año, las malezas deben eliminarse hasta que la vegetación se establezca y haya una cubierta madura de vegetación de humedales. Las plantas de los humedales deben cosecharse cada dos o tres años, ya sea en primavera o en otoño. Si se corta en otoño, el material vegetal debe dejarse en la superficie del filtro para proporcionar una capa de aislamiento térmico.

4.4 EJEMPLO DE DISEÑO

El siguiente ejemplo muestra el diseño de un humedal de FV en un clima templado. Se estima que el humedal de FV tratará las aguas residuales domiciliarias de un pequeño asentamiento con 50 hab-eq, el caudal promedio es de 150 L/ hab-eq d. Tasas de generación de contaminantes per cápita de 60 g DBO_5, 120 g DQO y 11 g NTK. Las tasas per cápita y diarias son asumidas (DWA, 2017; ÖNORM, 2009).

Paso 1. Definir el flujo afluente y las concentraciones de los contaminantes

Afluente, $Q_i = 50\,PE \times 150\,\frac{L}{PE \cdot d} \times \frac{1m^3}{1000L} = 7{,}5\,\frac{m^3}{d}$

Concentración de DQO (aguas residuales) $= 120\,\frac{g\,DQO}{PE \cdot d} \div 150\frac{L}{PE \cdot d} \times \frac{1\,mg}{1000\,g} = 800\,\frac{mg\,DQO}{L}$

Concentración de NTK (aguas residuales crudas)$= 11\frac{g\,NTK}{PE \cdot d} \div 150\frac{L}{PE \cdot d} \times \frac{1\,mg}{1000\,g} = 73{,}3\,\frac{mg\,NTK}{L}$

Paso 2. Diseñe el tanque séptico de tres cámaras

Según ÖNORM B 2505 (2009) para poblaciones superiores a 50 hab-eq, las fosas sépticas tienen un tamaño de 0,25 m^3/ hab-eq., con una superficie mínima per cápita del tanque de 0,06 m^2/ hab-eq. La primera cámara del tanque debe comprender el 50% del volumen del tanque séptico, mientras que la segunda y tercera cámaras deben comprender cada una el 25% del volumen total del tanque. La tercera cámara del tanque séptico funciona como tanque de dosificación para el humedal. Se supone que un tercio de la DQO se elimina en el tanque séptico (DWA, 2017).

Calcule el volumen mínimo del tanque: $50\ PE\ \times 0{,}25\ \frac{m^3}{PE} = 12{,}5 m^3$

Volumen seleccionado para el tanque séptico $= 13\ m^3$

Calcular la superficie mínima del área del tanque séptico: $50\ \text{hab} - \text{eq}\ \times\ 0{,}06\ \frac{m^2}{PE} = 3\ m^2$

Área superficial seleccionada para el tanque séptico= $3{,}5 m^2$

Calcular la profundidad del tanque séptico: $\frac{13 m^3}{3{,}5 m^2} = 3{,}7 m$

Tiempo de retención hidráulica en la primera y segunda cámara del tanque séptico:

$$\frac{13 m^3 \times 0{,}75}{7{,}5\ \frac{m^3}{d}} = 1{,}3\ d$$

Concentración de DQO (post tanque séptico) $= 800\ \frac{mg\ DQO}{L} \times \frac{2}{3} = 533 \frac{mg\ DQO}{L}$

Paso 3. Diseñe el humedal de FV

Se muestran dos enfoques de diseño diferentes. El primero utiliza arena con un tamaño de grano de 0,06 – 4 mm (d_{10} = 0,3 mm; según ÖNORM, 2009). El segundo enfoque utiliza arena gruesa con un tamaño de grano de 2 – 3 mm (como en la primera etapa según Langergraber *et al.*, 2011). Los parámetros claves se muestran en la Tabla 4.2.

Resumen

En general, cuanto más grueso sea el medio filtrante utilizado para la capa principal del lecho de FV:

- Mayores cargas hidráulicas y orgánicas son aceptables.
- Será menor la superficie requerida de la cama de FV.
- Será menor la carga única de la cama de FV.
- Se requieren más orificios de apertura para lograr una buena distribución de las aguas residuales en la superficie.
- Sin embargo, se puede esperar una menor eliminación de contaminantes (SST, DBO_5, DQO y $N\text{-}NH_4$)

Tabla 4.2 Parámetros clave de diseño y concentraciones esperadas de efluentes de dos humedales de FV diferentes.

Capa principal	Arena (0,06 – 4 mm)	Arena gruesa (2 – 3 mm)
Área superficial		
Carga orgánica superficial máxima (g DQO/m²·d)	20	80
Carga orgánica (g DQO/d) [a]	4.000	4.000
Área superficial requerida (m²) [b]	200	50
Configuración de la celda de humedal (m)	10 x 20	5 x 10
Carga intermitente		
Intervalos de carga (horas)	6	2
Volumen de una dosis única (m³) [c]	1,875	0,625
Superficie del tanque de carga intermitente (m²) [d]	0,875	0,875
Diferencia de altura en el tanque de carga intermitente (m)	2,2	0,7
Distribución de las tuberías		
Mínimo una apertura por	2 m²	1 m²
Concentraciones efluentes esperadas ($T \geq$ 10°C) [f]		
DBO_5 (mg/L)	< 3	30 – 40
DQO (mg/L)	< 20	80 – 100
SST (mg/L)	< 5	10 – 20
$N\text{-}NH_4$ (mg/L)	< 1	10 – 20

[a] Carga orgánica: Q_i, Concentración efluente de DQO del tanque séptico
[b] Área superficial requerida: Carga orgánica/ Tasa máxima de carga orgánica
[c] Cantidad de una carga simple: Q_i/(24 horas / Intervalo de carga)
[d] Superficie del tanque de carga intermitente: Q_i/(24 horas/intervalo de carga)
[e] Diferencia de altura en el tanque de carga intermitente: volumen de una dosis única/ Superficie de la cámara de dosificación
[f] Langergraber *et al.* (2007) para capa principal de arena con tamaño de grava 0.06 – 4 mm, y Langergraber *et al.* (2008) para capa principal de arena gruesa con granulometría 2 – 3 mm, respectivamente

4.5 CASO DE ESTUDIO

El caso de estudio muestra el humedal de FV más antiguo implementado en Austria (Haberl *et al.*, 2003). El humedal de FV fue diseñado para 8 hab-eq y trata las aguas residuales de una granja en Wolfern, Alta Austria. La granja está demasiado lejos del pueblo para conectarse a la línea de alcantarillado. Por lo tanto, se seleccionó dentro de un proyecto piloto como ejemplo para muchas otras granjas en esta área. El humedal de FV se construyó en la primavera/verano de 1991 y ha estado en funcionamiento desde entonces. Los estándares de efluentes que deben cumplirse son 25 mg DBO_5/L, 90 mg DQO/L, 30 mg SST/L, y 10 mg NH_4-N/L (a temperaturas de salida de aguas residuales > 12 °C).

El sistema comprende un tanque de sedimentación (volumen 3 m^3) como tratamiento primario, seguido de una arqueta de bombeo (volumen 2,7 m^3) donde una bomba, controlada por una válvula automática. distribuia cuatro pulso al día. Desde 1998, las aguas residuales se cargan de forma intermitente mediante un sifón. La superficie el lecho del humedal de FV es de 42 m^2 con una profundidad de 80 cm y está llena de arena/grava con granulometría de 0,06 - 8 mm. La distribución de las aguas residuales en superficie se realiza mediante tuberías de PVC con orificios de 8 mm. Debajo de los agujeros, se colocan placas para evitar la erosión. El lecho del humedal de FV está plantado de junco común (*Phragmites australis*). La Figura 4.2 muestra un esquema del sistema.

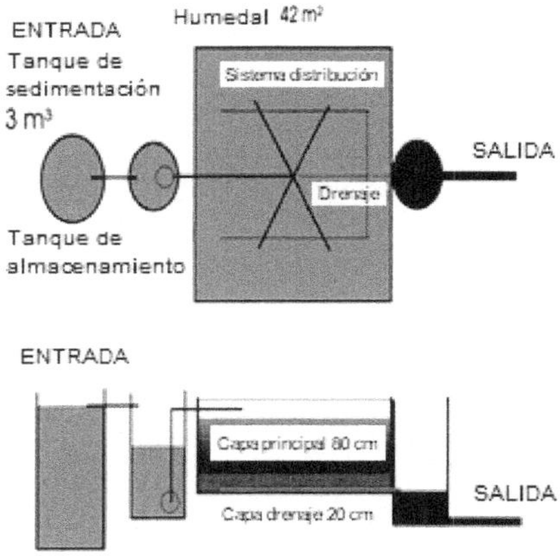

Figure 4.2 Esquema del humedal de FV para una granja. Reproducido con permiso de Haberl *et al.* (2003).

La Tabla 4.3 muestra los datos de desempeño de los primeros seis años de operación del humedal de FV. Durante este período, el HLR medio fue de 30 mm/d. Los estándares austriacos sobre efluentes (es decir, 25 mg DBO_5/L, 90 mg DQO/L y 10 mg N-NH_4/L, eliminación de 95% y 85% para DBO_5 y DQO, respectivamente) pudieron cumplirse fácilmente.

Tabla 4.3 Rendimiento de 1992 a 1997 del humedal de VF para una granja: los valores son promedios anuales (Haberl *et al.*, 2003)

		DBO_5			DQO			$N\text{-}NH_4$			$P\text{-}PO_4$		
Año	**HLR (mm/d)**	**Entrada (mg/l)**	**Salida (mg/l)**	**Eliminación (%)**	**Entrada (mg/l)**	**Salida (mg/l)**	**Eliminación (%)**	**Entrada (mg/l)**	**Salida (mg/l)**	**Eliminación (%)**	**Entrada (mg/l)**	**Salida (mg/l)**	**Eliminación (%)**
1992	24	143	11	92	378	54	86	48	8.6	82	10.8	3	72
1993	32	186	9	95	533	47	91	88	16.4	81	12.5	3.6	71
1994	27	139	3	98	366	36	90	71	1.3	98	11.5	6.1	47
1995	30	120	3	98	383	30	92	63	4.9	92	14	7	51
1996	37	157	<3	99	436	30	93	49	1.5	97	9.4	6.2	34
1997	30	278	<3	99.6	549	25	95	59	5.5	91	9.6	4.9	49
Promedio	**30**	**171**	**5**	**97**	**441**	**37**	**91**	**63**	**6.4**	**90**	**11.3**	**5.1**	**54**

La eliminación de fósforo disminuyó de un 72% a aproximadamente un 40-50% durante los primeros años debido a las limitadas capacidades de adsorción del sustrato. Según lo informado por Laber et al. (1997), el efluente nitrificado se recicló al tanque de sedimentación del pretratamiento en 1995 (comparar la Sección 6.3). Una tasa de recirculación del 80% aumentó la eliminación de NT al 72% (desde originalmente el 40% sin recirculación). La cama de FV todavía está en funcionamiento y trabaja bien después de más de 25 años.

5 HUMEDALES VERTICALES TIPO FRANCÉS

5.1 INTRODUCCIÓN Y APLICACIÓN

En Francia, se han introducido y aplicado con éxito humedales de FV para el tratamiento de aguas residuales crudas. Estos sistemas tratan los lodos y las aguas residuales en un solo paso. Los humedales de FV tipo francés se componen de dos etapas, y cada etapa contiene celdas que operan alternadamente. En una primera etapa se realiza el tratamiento de los lodos, la retención de sólidos, la eliminación parcial de materia orgánica y nitrificación. En la segunda etapa, se produce la eliminación final de materia orgánica y nitrificación. El lodo tratado de la primera etapa se acumula a una tasa de aproximadamente dos a tres cm por año cuando el sistema funciona con la carga de diseño. La capa retenida en la superficie debe retirarse una vez alcance una profundidad aproximada de 20 cm, que en la práctica suele ser cada 10 a 15 años. La capa de depósito puede acumularse más lentamente en sistemas que no reciben la carga de diseño completa al inicio de la operación.

Se han construido más de 4.000 sistemas en Francia, y la mayoría de los sistemas atienden a poblaciones de menos de 1.000 hab-eq. En 2015, los humedales para tratamiento representaron más del 20% de todas las plantas de tratamiento de aguas residuales domésticas en Francia. Morvannou *et al* (2015) presentan una evaluación de 415 de estos sistemas que operan en Francia, con datos de desempeño de la primera y segunda etapa.

En la última década, el diseño de humedales de FV tipo francés también se ha implementado fuera de Francia (en territorios franceses tropicales de ultramar, América del Sur, así como otros países del continente europeo). El humedal tipo francés más grande construido está en Moldavia y diseñado para servir 20.000 hab-eq (Masi *et al.*, 2017a). La aplicación de la tecnología de los humedales generalmente no es una cuestión de viabilidad, sino más bien de los costos económicos y del ciclo de vida (incluidos, entre otros, el costo de las materias primas, la mano de obra, la construcción y las operaciones y el mantenimiento). En Francia continental, los humedales de tratamiento son generalmente económicamente favorables hasta un tamaño de 5.000 hab-eq. Para sistemas de más de 5.000 hab-eq, las tecnologías convencionales de tratamiento de aguas residuales, como las plantas de lodos activados (LA), comienzan a ser una mejor opción económica.

El primer documento de orientación sobre humedales para tratamiento tipo francés se publicó en 2005 (Molle *et al.*, 2005). Incluye información para lo que hoy se conoce como el diseño clásico francés de dos etapas de humedales de flujo vertical (Figura 5.1). La primera etapa se alimenta con aguas residuales que han pasado por una criba de malla de 20 a 40 mm. La primera etapa se divide en tres filtros paralelos y la segunda etapa en dos filtros.

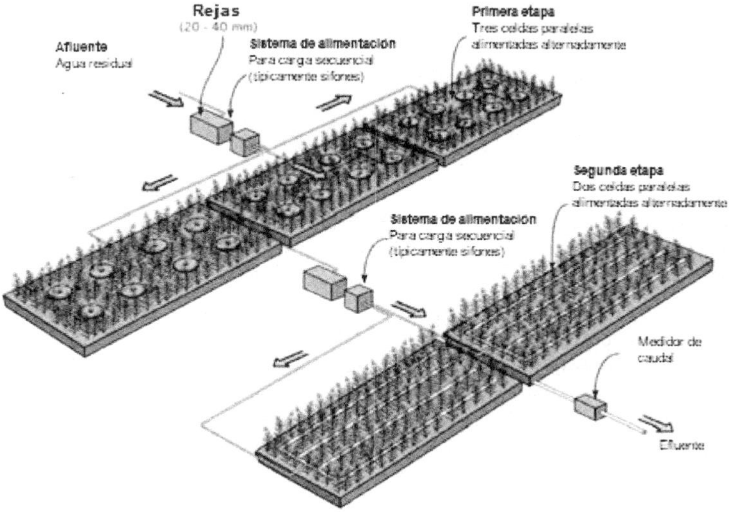

Figure 5.1 Esquema del diseño clásico de humedales para tratamiento tipo francés de FV. Imagen cortesía de Epur Nature.

Un aspecto importante del sistema es su simplicidad. Aparte de la malla y los filtros en las dos etapas, no existen otras unidades de tratamiento: no hay tanques para tratamientos primarios o anaerobios, no hay otro tratamiento biológico, no hay tanques de sedimentación secundarios o unidades similares y no hay unidades de tratamiento de lodos (ya que no hay otras unidades que producen lodos primarios o en exceso). Un componente crítico del diseño del humedal de FV tipo francés es un buen establecimiento de las plantas (*Phragmites sp.)*. A medida que se desarrolla en el depósito la capa de materia orgánica, las plantas juegan un papel fundamental. A medida que los tallos de las plantas son movidos por el viento, los esfuerzos mecánicos abren rutas en la capa superior del lecho. Este detalle es muy importante para mantener la capacidad de infiltración del lecho, ayudando así a mantener la aireación pasiva del filtro. En otros países se han utilizado con éxito otras plantas, pero siempre es importante analizar si éstas podrán realizar esta función, y también resistir periodos sin flujo de aguas residuales.

Si no se espera que el sistema reciba el flujo de diseño completo al inicio, durante el proceso de diseño las celdas del humedal se pueden dividir en secciones más pequeñas, de modo que porciones de celdas se puedan plantar y cargar individualmente hasta que se alcance la carga de diseño completa. Esto reduce el riesgo de un establecimiento deficiente de las plantas debido al estrés hídrico.

Consideraciones hidráulicas

Como se comentó en el Capítulo 4 y se enfatizó en varios lugares de este volumen (principalmente en el Capítulo 2), las condiciones no saturadas del medio filtrante en unidades de FV implican que varias consideraciones hidráulicas (incluido el concepto de tiempo de retención), enfoques de modelado y especificaciones de diseño que son exclusivos para medios saturados (por ejemplo, de FH) no se aplican aquí. Se remite al lector a estas observaciones en el texto previo a fin de evitar el uso de métodos inapropiados para el diseño de humedales de FV con carga intermitente.

Los filtros se dosifican de forma alterna, de modo que un filtro se alimenta, mientras los demás descansan (Figura 5.2). Estas alternancias son fundamentales para el correcto funcionamiento del humedal de FV tipo francés. La alimentación alterna ayuda a controlar el crecimiento de la biomasa adherida en la superficie del medio filtrante, ayuda a mantener las condiciones aerobias dentro del propio lecho del filtro y ayuda a la mineralización de la materia orgánica que se acumula en la superficie de los filtros de la primera etapa. Los filtros de primera etapa se alimentan generalmente durante 3,5 días y se dejan reposar durante 7 días. Los filtros de segunda etapa se alimentan generalmente durante 3,5 días y se dejan reposar durante 3,5 días. El patrón de alimentación requiere que el operador del sistema visite la planta de tratamiento al menos dos veces por semana, para cambiar la alimentación y asegurarse de que el sistema funcione correctamente. El número de visitas del operador podría reducirse con la instalación de un sistema de alimentación de controlador lógico programable.

El patrón de alimentación alterna ayuda a:

- Asegurar una transferencia adecuada de oxígeno al medio poroso.
- Estabilizar la capa retenida en la parte superior de los lechos filtrantes durante la etapa de reposo.
- Implementar fases de reposo que no provoquen estrés en las plantas (por ejemplo, falta de agua)
- Mantener una capa de nieve para un mejor aislamiento térmico durante los períodos secos en climas fríos. La dosificación dos veces por semana (en lugar de una vez por semana) produce una menor profundidad de estancamiento de las aguas residuales en la superficie del lecho, lo que ayuda a evitar que la capa de nieve se derrita (Prost-Boucle *et al.*, 2015).

En climas tropicales, las temperaturas más cálidas permiten una actividad biológica más rápida. Como resultado, el depósito orgánico no requiere una semana completa para estabilizarse. Esto, combinado con requisitos de calidad del efluente a menudo menos estrictos, da como resultado que la alimentación alterna se mantenga dos veces por semana, pero con solo dos filtros en la primera etapa (Molle *et al.*, 2015). Los filtros se dosifican secuencialmente. La altura de un pulso en la superficie debe ser entre 2 y 5 cm en el filtro en funcionamiento para asegurar una distribución adecuada del agua. El límite superior de 5 cm minimiza el riesgo de flujo preferencial (cortocircuito). La Figura 5.3 ilustra la secuencia operativa durante una secuencia completa.

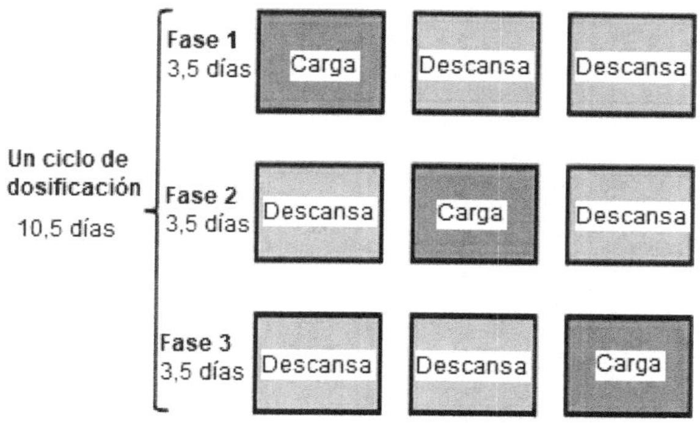

Figure 5.2 Esquema operativo de la primera etapa del sistema francés, con tres camas alternando los períodos de alimentación y descanso a lo largo de un ciclo completo. En Francia, cada fase es típicamente de 3,5 d el ciclo completo es de 3x3,5 = 10,5 d (3,5 d de alimentación, 7,0 d de reposo).

Para mantener las condiciones aerobias en el filtro, es necesaria la oxigenación pasiva en la parte inferior del filtro. Las tuberías de drenaje (diámetro mínimo 100 mm) contienen ranuras (longitud: ⅓ de la circunferencia de la tubería, ancho: más de 8 mm) por cada 10 cm de longitud de la tubería de drenaje. Las ranuras están ubicadas para permitir que el aire ingrese a través de la parte superior de las tuberías de drenaje, mientras que las aguas residuales tratadas se recogen en la parte inferior de las tuberías de drenaje.

La distribución del agua es diferente durante cada etapa de tratamiento (Figura 5.4). En la primera etapa, se utilizan tuberías de gran diámetro (> 110 mm de diámetro para sistemas a pequeña escala, tuberías de 160-200 mm de diámetro para sistemas más grandes) para distribuir las aguas residuales a un punto de alimentación por cada 50 m^2. En la segunda etapa, se utilizan tuberías de menor diámetro (< 110 mm de diámetro) con orificios perforados (> 8 mm de diámetro). Los tubos para los filtros de la segunda etapa se colocan directamente sobre la superficie del filtro. Tanto para los filtros de la primera como de la segunda etapa, se debe tener cuidado para evitar que la capa de filtración superior se socave. En los lechos de la primera etapa, un caudal mínimo de 0,5 $m^3/h{\cdot}m^2$ es necesario por carga para distribuir correcta y homogéneamente el agua, mientras que, en los filtros de la segunda etapa, la presión de agua residual (o altura del chorro) en los orificios extremos debe ser mayor o igual a 30 cm.

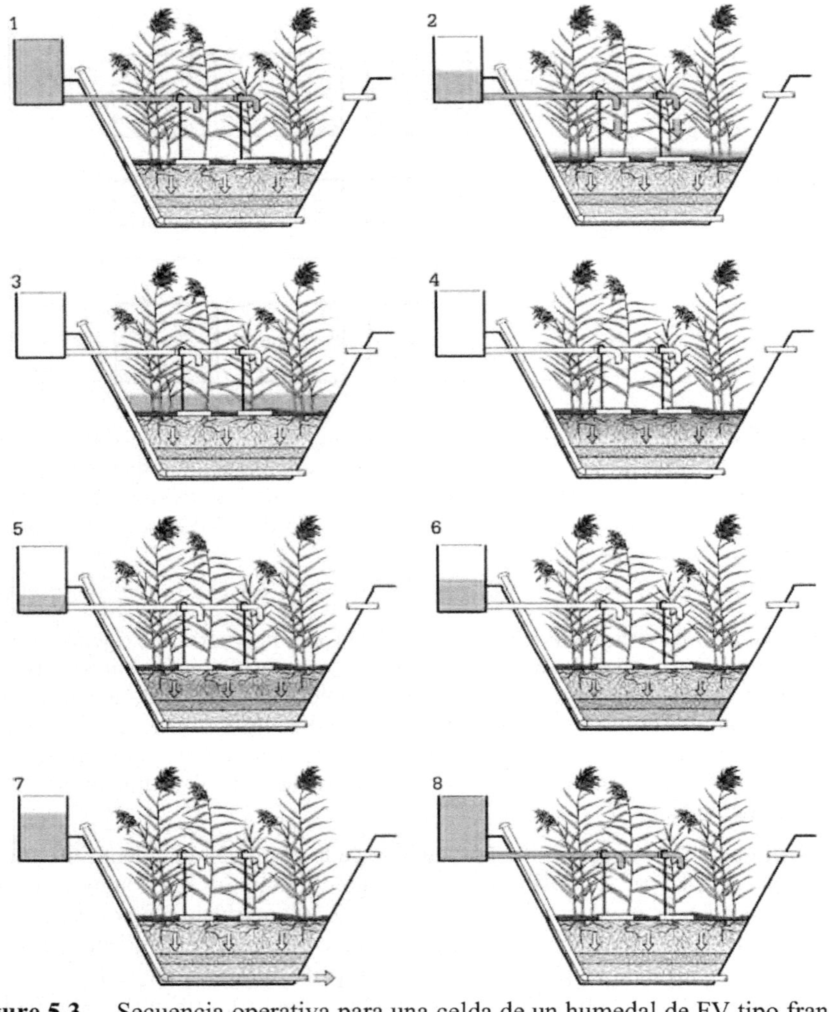

Figure 5.3 Secuencia operativa para una celda de un humedal de FV tipo francés durante una carga al filtro en funcionamiento. La secuencia se mueve por filas de arriba hacia abajo.

Figure 5.4 Distribución de aguas residuales en un humedal de FV tipo francés; arriba: primera etapa; abajo: segunda etapa. Fotos cortesía de Pascal Molle.

5.2 .... DISEÑO Y OBJETIVOS DE CALIDAD DEL AGUA

El diseño se basa en cargas máximas de contaminantes e hidráulicas, que se expresan por m^2 de filtro en funcionamiento por día (Tabla 5.1). Para situaciones típicas en Francia (en un clima templado con alcantarillas municipales y pluviales separadas), este diseño lleva a un requisito de área de 0,4 m^2/hab-eq para cada celda de filtro, o en otras palabras, 1,2 m^2/ hab-eq para la primera etapa (con tres celdas) y 0,8 m^2/ hab-eq para la segunda etapa (con dos celdas). La carga diaria de una hab-eq se define como 150 L de aguas residuales, 157 g DQO, 60 g DBO_5, 72 g SST, 11,5 g $N\text{-}NH_4$, y 2,1 g PT (Mercoiret, 2010).

Tabla 5.1	Cargas máximas de diseño para el diseño clásico de humedales de FV tipo francés en condiciones de clima seco. Los valores dados son por metro cuadrado de cama o celda en funcionamiento.				
Etapa de tratamiento	**HLR ($m^3/m^2 \cdot d$)**	**DQO ($g/m^2 \cdot d$)**	**DBO_5 ($g/m^2 \cdot d$)**	**TSS ($g/m^2 \cdot d$)**	**NTK ($g/m^2 \cdot d$)**
Primera etapa	0,37	350	150	150	30
Eliminación [a]		$0,80 \times M_i$	$0,90 \times M_i$	$0,90 \times M_i$	$1,1128 \times M_i^{0,8126}$
Segunda etapa	0,37	70	20	30	15
Eliminación [b]		$0,75 \times M_i$	$0,80 \times M_i$	$0,80 \times M^i$	$1,194 \times M_i^{0,8622}$

[a] Todas las correlaciones provienen de Molle *et al.* (2005), excepto NTK de Molle *et al.* (2008), M_i significa carga másica en $g/m^2 \cdot d$

[b] Todas las correlaciones proviene de Molle *et al.* (2005)

Las tasas de carga especificadas son para un filtro en funcionamiento. Al comparar las tasas de carga aplicadas en otros sistemas de tratamiento, estos valores deben dividirse por tres en la primera etapa y por dos en la segunda etapa para tener en cuenta toda el área de tratamiento.

Los sistemas tratan las aguas residuales domésticas cribadas por rejas para retener gruesos. Los filtros de la primera etapa son eficaces para la eliminación de materia orgánica y SST. Los filtros de la segunda etapa tienen un efecto de pulido para DQO, DBO_5 y SST. Diseñar y operar humedales dentro de las características de diseño recomendadas da como resultado sistemas que pueden garantizar concentraciones finales de efluentes de 90 mg DQO/L, 20 mg DBO_5/L, 15 mg SST/L, y 15 mg NTK/L. Mientras que los compuestos orgánicos y los sólidos en suspensión siguen una tendencia de eliminación lineal, las eficiencias de eliminación de NTK son más complejas. Las ecuaciones proporcionadas permiten calcular las eficiencias de eliminación estimadas al operar los filtros dentro de las recomendaciones de diseño (Molle *et al.* 2005, Molle *et al.* 2008).

Especificaciones para el medio filtrante

Los filtros en la primera etapa y la segunda etapa utilizan diferentes medios filtrantes y tienen diferentes dimensiones y así, proporcionar las condiciones adecuadas para el tratamiento bajo las cargas de diseño (Figura 5.5). Para garantizar las condiciones aerobias en el filtro de la primera etapa, la capa principal está compuesta de grava de 2 a 6 mm. Un tamaño de grano más pequeño conduciría a una obstrucción y un tamaño de grano más grueso dificultaría la formación de la capa de depósito orgánico. Al igual que en los humedales de FV, debajo de la capa de filtro principal, una capa de transición o intermedia (grava de 5 a 15 mm) evita que las partículas más finas se laven a la capa de drenaje (reduciendo así la porosidad efectiva de la capa de drenaje). El agua tratada se recoge en tuberías de drenaje en la capa de drenaje, que consiste en grava gruesa (20-60 mm) en el fondo del lecho. Los filtros están aislados del terreno circundante mediante una combinación de un revestimiento de plástico y una membrana de geotextil.

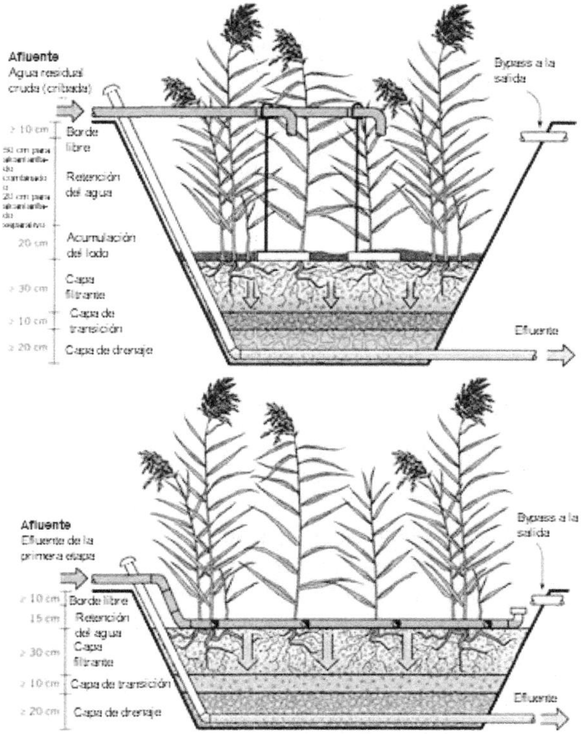

Figura 5.5 Perfil de las celdas de FV tipo francés; arriba: primera etapa; abajo: segunda etapa.

La arena es el medio filtrante principal para los lechos en la segunda etapa (Tabla 5.2), definida como una relación entre un buen desempeño de eliminación de contaminantes mientras que no se presenten obstrucciones (Liénard *et al.*, 2001). También se puede usar arena lavada y triturada, pero se ha encontrado que conduce a un menor rendimiento del tratamiento (Torrens *et al.*, 2009). En consecuencia, se debe utilizar una capa de arena más profunda en caso de que no se pueden cumplir las especificaciones de arena de la Tabla 5.2. Tanto para la capa de transición como para la de drenaje, se utiliza el modelo de Terzaghi ($D_{15}/d_{85} \leq 4$). También se agrega un criterio de permeabilidad: $D_{15}/d_{15} \geq 4$. Esta regla se utiliza para asegurar que la interfaz entre la capa de arena y la capa de transición no produzca una disminución de la permeabilidad al reducir la porosidad local.

Tabla 5.2 Especificaciones del medio filtrante para un diseño de humedal de FV tipo francés. Adaptado de Molle *et al.* (2005).

	Primera etapa		**Segunda etapa**	
	Profundidad	**Material**	**Profundidad**	**Material**
Borde libre	> 30 cm		> 20 cm	
Capa filtrante (principal)	30 a 80 cm	Grava 2 – 6 mm	30 a 80 cm	Arena $0.25<d_{10}<0.4$mm y $d_{60}/d_{10} < 5$ y menos que el 3% de partículas finas
Capa de transición	10 a 20 cm	Grava 5 – 15 mm	10 a 20 cm	Grava 3 – 12 mm
Capa de drenaje	20 a 30 cm	grava 20 – 60 mm	20 a 30 cm	Grava 20 – 60 mm

La construcción de las celdas es típicamente con una relación de longitud a ancho de la superficie de uno, con una pendiente del terraplén de 1: 1. Esto significa que, a diferencia de los sistemas de FH, el volumen total de medios que se requerirá es menor que el que se calcularía a partir de una celda cuadrada.

La profundidad de la capa principal afectará la confiabilidad del rendimiento. La mayor parte de la eliminación de carbono y amonio en los humedales de FV franceses se produce dentro de los 10 a 40 cm superiores de un filtro insaturado (Millot *et al.*, 2016). Cuando se deben alcanzar concentraciones estrictas de efluentes, se puede aumentar la profundidad de la capa principal (> 60 cm para la eliminación de DQO y> 80 cm cuando se requiere una nitrificación completa).

5.3 OPERACIÓN Y MANTENIMIENTO

La O&M de los humedales de FV tipo francés se compone de diferentes fases en las que se deben realizar tareas específicas. Las fases incluyen el período de puesta en marcha, el período de operación rutinaria, y los períodos durante los cuales se cosecha el material orgánico de la capa superior del lecho. La guía francesa de O&M está disponible en el sitio web de EPNAC. (www.epnac.irstea.fr).

Período de puesta en marcha

Un buen crecimiento de las plantas en la primera etapa es fundamental para mantener la capacidad de infiltración de agua y la aireación pasiva del filtro. Durante el primer año, además de las tareas de mantenimiento de rutina (que se comentan en la siguiente sección), se debe prestar atención para evitar el crecimiento excesivo de malezas en los filtros. Es una tarea manual y fastidiosa. Es posible saturar el filtro durante una o dos semanas durante la primera temporada de crecimiento para matar la maleza y favorecer el establecimiento y el crecimiento de las plantas (cañas).

En este caso, es mejor no saturar la primera y la segunda etapa al mismo tiempo para no obstaculizar el proceso de nitrificación.

La resolución de problemas puede ser necesaria durante los períodos de puesta en marcha. Los principales problemas que ocurren durante la puesta en marcha incluyen:

- Cuando el sistema arranca con una carga hidráulica muy baja, el agua se infiltra cerca de los puntos de carga y las cañas pueden sufrir estrés hídrico. Esto no causa ningún problema para el rendimiento de la eliminación, pero el mantenimiento de las malas hierbas puede ser una tarea ardua.
- Cuando un sistema se pone en marcha con su carga de diseño nominal, la superficie del lecho acumula materia orgánica se forma rápidamente. Esto se debe a que las cañas son demasiado pequeñas para favorecer la infiltración de agua en la superficie del lecho. Por tanto, la materia orgánica depositada se seca rápidamente, sin mineralización, y puede contribuir a encharcamiento. Este problema termina una vez que las plantas comienzan a establecerse.
- Cuando la capa superior del lecho aún no está desarrollada y la planta de tratamiento recibe picos de lluvia, el agua puede infiltrarse rápidamente en la primera etapa y pueden aparecer encharcamientos (colmatación de la superficie) en la segunda etapa. Este fenómeno se soluciona una vez se forma una capa de materia retenida en la primera etapa. Se puede aplicar una capa de lodo o compost en la primera etapa para acelerar el proceso.

Mantenimiento rutinario

El operador debe visitar el sitio dos veces por semana para verificar el funcionamiento del sistema y realizar tareas breves específicas. El cribado de la materia gruesa (antes de las celdas de la primera etapa) debe limpiarse regularmente y los sistemas de alimentación por pulsos deben verificarse para que funcionen correctamente. La alternancia de filtros debe realizarse cada 3,5 días para mantener una buena saturación de oxígeno en el filtro. Los períodos de descanso demasiado prolongados son desfavorables para la comunidad microbiana del humedal. Otras tareas de mantenimiento se pueden realizar con menos frecuencia, como controlar la maleza (una vez al mes) o comprobar la altura del depósito de materia orgánica y cosechar las cañas (una vez al año). En climas tropicales, la frecuencia de mantenimiento de la planta puede ser mayor debido al clima más cálido y la acumulación de detritos.

Eliminación de materia orgánica acumulada

La capa de depósito aumenta aproximadamente de 2 a 3 cm/año en los filtros de la primera etapa, cuando se alimenta a la carga de diseño en un clima templado (en climas tropicales, incluso si se usan solo dos filtros en paralelo, la acumulación es más lenta). Esta capa que se deposita es un paso limitante hidráulicamente y debe eliminarse una vez que alcance los 20 cm (generalmente 10-15 años). Si la capa depositada no se retira cuando alcanza una profundidad de 20 cm, se producirá encharcamiento y se dificultará la transferencia de oxígeno al subsuelo. Debido a la mineralización durante varios años, la capa de depósito tiene un contenido de materia seca superior al 25% y un contenido de materia orgánica de aproximadamente el 40%. Esta materia orgánica se elimina mediante una maquinaria mecánica y se puede esparcir en campos agrícolas como fuente de materia orgánica y fósforo, cumpliendo las regulaciones locales. A diferencia de los humedales de tratamiento de lodos (ver Sección 8.3), no es necesario aplicar un período de descanso específico antes de la eliminación de los lodos. Los humedales de FV tipo francés se pueden volver a reactivar y reiniciar su funcionamiento inmediatamente después de que se haya completado la recolección de los lodos.

Variaciones de carga

Las variaciones de carga (orgánicas o hidráulicas) pueden afectar el rendimiento de los filtros. Las sobrecargas orgánicas aumentan el consumo de oxígeno y saturan los sitios de adsorción de amonio más rápidamente. Esto debe evitarse, porque la adsorción de amonio en materia orgánica es un parámetro clave importante en la nitrificación (Morvannou *et al.*, 2014). Sin embargo, se pueden aplicar cargas orgánicas más altas en verano debido a las tasas cinéticas biológicas más altas. Esto significa, que el sistema no necesita ser sobredimensionado para tener en cuenta las variaciones en la carga orgánica durante la temporada de verano, cuando la población puede aumentar en las áreas turísticas (Boutin y Prost-Boucle, 2015).

Las sobrecargas hidráulicas pueden inducir a períodos de encharcamiento más prolongados que también pueden afectar la transferencia de oxígeno a la capa de depósito y a la capa principal del filtro. Al mismo tiempo, las sobrecargas hidráulicas reducen el tiempo de retención de agua dentro del filtro (Molle *et al.*, 2006). Con un diseño adecuado, los eventos de tormenta pueden tratarse en el filtro mientras se mantienen concentraciones de salida aceptables (Arias, 2013).

5.4 EJEMPLO DE DISEÑO

Diseñar un humedal de FV tipo francés para una comunidad pequeña (100 PE) en un clima templado para entregar una calidad de efluente final de 90 mg DQO/L, 20 mg DBO_5/L, 15 mg SST/L, y 15 mg NTK/L.

Datos de entrada:

- Generación promedio de aguas residuales por hab-eq:150 L/d.
- Cargas másicas diarias promedio por hab-eq: 150 g DQO, 60 g DBO_5, 70 g SST, y 15 g NTK.
- Se aplicarán aguas residuales filtradas en las unidades de humedales.
- Efluente objetivo: 90 mg DQO / L, 20 mg DBO_5 / L, 15 mg SST / L, y 15 mg NTK / L.

Paso 1. Definir el flujo del afluente y las concentraciones de los contaminantes.

$$Afluente\ Q_1 = 100\ PE\ \times 150\ \frac{L}{PE \cdot d} \times \frac{1m^3}{1000L} = 15\frac{m^3}{d}$$

$$\text{Carga de } DBO_5 \text{ de entrada, } M_i = 100PE\ \times 60\ \frac{gDBO_5}{PE \cdot d} = 6.000\frac{g\ DBO_5}{d}$$

$$\text{Concentración de } DBO_5 \text{ de entrada, } C_i = 6.000\frac{g\ DBO_5}{PE \cdot d} \div 15\frac{m^3}{d} = 400\frac{g\ DBO_5}{m^3} = 400\frac{mg\ DBO_5}{L}$$

Haciendo cálculos similares para todos los contaminantes, las cargas y concentraciones del afluente, se muestran para el diseño del sistema de humedales (Tabla 5.3).

Tabla 5.3 Características del afluente - Ejemplo de diseño

Variable	DBO_5	DQO	SST	NTK
Carga promedio diaria por hab-eq (g/d)	60	150	70	15
Carga afluente (g/d)	6.000	15.000	7.000	1.500
Concentración afluente (mg/L)	400	1.000	467	100

Diseño de la primera etapa del sistema

Paso 2. Calcule las áreas requeridas en función de las tasas de carga de superficie másicas e hidráulicas recomendadas

Las recomendaciones sobre tasas de carga para la primera etapa del sistema de FV tipo francés (Tabla 5.1) se utilizan para proporcionar el tamaño inicial de las unidades de filtrado, como sigue:

Área superficial requerida de un filtro basado en un HLR de $q = 0{,}37\ m^3/m^2 \cdot d$:

$$A_1 = \frac{Q_i}{q} = \frac{15\ m^3/\ d}{0{,}37\ m^3/(m^2 \cdot \mathrm{d})} = 41m^2$$

Área superficial requerida de un filtro basado en una tasa de carga de masa de superficie de DBO_5 de $Mi = 150\ g/m^2 \cdot d$:

$$A_1 = \frac{M_i}{M_i} = \frac{6.000\ g/\ d}{150\ g\ /(m^2 \cdot \mathrm{d})} = 40m^2$$

Haciendo cálculos similares para todos los parámetros considerados, y adoptando las tasas de carga superficial que se muestran en la Tabla 5.1 para la primera etapa del sistema de FV tipo francés, se obtienen cinco áreas de superficie requeridas diferentes, a saber, 41 m^2, 40 m^2, 43 m^2, 47 m^2, y 50 m^2, basadas en carga hidráulica, DBO_5, DQO, SST y NTK, respectivamente. Se elegirá el más grande (50 m^2) para permitir el cumplimiento de todos los criterios de diseño y las concentraciones requeridas en los efluentes producidos. Para celdas cuadradas, una relación de largo a ancho de $l/w = 1$ conducirá a:

$$A = l \times w = w^2$$

$$w = \sqrt{A} = \sqrt{50} = 7{,}1m$$

Adoptando el valor de largo $l = 7{,}5$ m y ancho $w = 7{,}5$ m dará lugar a un área de 56,2 m^2 por unidad.

Teniendo en cuenta que la primera etapa del sistema de FV tipo francés está compuesta por tres unidades en paralelo (n = 3, una en funcionamiento y dos en reposo), el área total requerida para la primera etapa es:

$$A_T = n \times A_1 = 3 \times 56{,}2\ \text{m}^2 = 169\ \text{m}^2$$

El área total de 169 m^2, para una población de 100 hab-eq, corresponde a un requerimiento neto de superficie per cápita de 169/100 = 1,69 m^2/hab-eq. Esto es más alto que la práctica habitual francesa de humedales de FV (1,2 m^2/hab-eq; 0,4 m^2/hab-eq para cada filtro), ya que está limitado por NTK en lugar de los requisitos de eliminación de DBO_5.

Paso 3. Especifique las características de las capas del filtro

Las capas de filtro seguirán las especificaciones francesas, con valores intermedios de los rangos de altura para cada capa (Tabla 5.2). Esto resulta en:

- Borde libre: $h = 0{,}50$ m.
- Capa principal: $h = 0{,}50$ m (2 – 6 mm de grava).
- Capa de transición: $h = 0{,}15$ m (5 – 15 mm de grava).
- Capa de drenaje: $h = 0{,}25$ m (20 – 60 mm de grava).
- Altura total del filtro: $h_T = 0{,}50 + 0{,}50 + 0{,}15 + 0{,}25 = 1{,}40$ m.

Con un área de filtrado total de 169 m^2, los volúmenes de material de soporte que se utilizarán se calculan en base a una celda inclinada 1: 1, utilizando la longitud y el ancho superiores promedio para cada capa. Esto resulta en:

- Capa principal: V=12,3 m^3. Para tres celdas, V=37 m^3.
- Capa de transición: V=3,0 m^3. Para tres celdas, V=9 m^3.
- Capa de drenaje: V=4,4m^3. Para tres celdas, V=13 m^3.

Paso 4. Determinar las características de cada lote de alimentación

El nivel de agua que cubrirá el filtro durante cada lote corresponde al volumen de cada lote dividido por la superficie del filtro en funcionamiento. Las recomendaciones para humedales de FV franceses son una capa líquida de entre 2 y 5 cm (para los propósitos de este ejemplo, se considerarán 3 cm para la carga del lote de alimentación).

Primero, el volumen por lote se calcula de la siguiente manera:

$$3cm \times \frac{1m}{100cm}\ (carga\ por\ lotes\ en\ m) = \frac{Volumen\ por\ lote\ (m^3)}{Área\ de\ lecho\ filtrante\ en\ ope.\,(m^2)}$$

$$Volumen\ por\ lote\ (m^3) = 56{,}2\ m^2 \times 0{,}03\frac{m}{lote} = 1{,}7\frac{m^3}{lote}$$

Luego, el número de lotes necesarios por día se calcula de la siguiente manera:

$$Número\ de\ cargas\ por\ día = \frac{15\ m^3/d}{1{,}7\ m^3/lote} = 9\ \frac{lotes}{d}$$

Para calcular el caudal de aguas residuales durante el lote, se utiliza el HLR instantáneo mínimo de 0,5m^3/m^2·h:

$$HLR\ lote = \frac{Flujo\ por\ lotes}{Área\ de\ lecho\ filtrante\ en\ operación}$$

$$Flujo\ por\ lotes = 56,2\frac{m^3}{m^2 \cdot \mathrm{h}} \times 0,5\ \frac{m^3}{m^2 \cdot h} = 28,1\frac{m^3}{\mathrm{h}}$$

Para este sistema se utilizará un valor redondeado de 30 m^3/h. Esto da como resultado un HLR (carga superficial) de 0,53 m^3/m^2 h, lo que proporciona un factor de seguridad adicional y es un número de trabajo más fácil.

El caudal de 30 m^3/h equivale a (30 m^3/h) / (60 min/h) = 0,5 m^3/min. Dado que el volumen de cada pulso es de 1,7 m^3 (ver cálculo anterior), la duración de cada pulso será (1,7 m^3)/(0,5 m^3/min) = 3,4 minutos. Esto está dentro del rango típico de valores para una alimentación por pulsos durante un lote de alimentación.

Diseño de la segunda etapa del sistema

Paso 5. Calcule las características del afluente

La calidad del efluente de la primera etapa es necesaria para utilizarla como afluente en los filtros de la segunda etapa. La calidad esperada se calcula utilizando las tasas de eliminación de la Tabla 5.1, como sigue:

$$\text{DBO eliminada en la primera etapa} = 0,9 \times MLR_{DBO} = 0,9 \times 120\frac{g\ DBO}{m^2 \mathrm{d}} = 108\frac{g\ DBO}{m^2 \cdot \mathrm{d}}$$

Carga orgánica superficial diaria de DBO efluente de la primera etapa =

$$120\frac{g\ DBO}{m^2 \cdot \mathrm{d}} - 108\frac{g\ DBO}{m^2 \cdot \mathrm{d}} = 12\frac{g\ DBO}{m^2 \cdot \mathrm{d}}$$

$$\text{Flujo másico de DBO efluente de la primera etapa} = 12\frac{g\ DBO}{m^2 \cdot \mathrm{d}} \times 50m^2 = 600\frac{g\ DBO}{\mathrm{d}}$$

Carga orgánica superficial diaria de DBO efluente de la primera etapa =

$$600\frac{g\ DBO}{\mathrm{d}} \div 15\frac{m^3}{d} = 40\frac{g\ DBO}{m^3} = 40\frac{mg\ DBO}{L}$$

Los cálculos se repiten para cada parámetro. La calidad del efluente resultante de la primera etapa es 40 mg/L, 200 mg/L, 47 mg/L y 41 mg/L para DBO, DQO, SST y NTK, respectivamente.

Paso 6. Dimensione los filtros y calcule las concentraciones finales de los efluentes

La segunda etapa típica del sistema de FV tipo francés tiene dos filtros en paralelo, alternando su funcionamiento cada 3,5 días. También se adoptará aquí, n = 2. Las dimensiones de cada filtro se basan en las tasas de carga máximas para la segunda etapa siguiendo el mismo procedimiento que la primera etapa (Tabla 5.4). Esto incluye las iteraciones y el dimensionamiento final basado en el área límite, es decir, 43 m^2, resultando en celdas de 49 m^2. Las concentraciones finales de los efluentes se calculan con base en las eficiencias de eliminación de la Tabla 5.1.

Tabla 5.4 Dimensionamiento y rendimiento del filtro de segunda etapa

Variable	**Caudal**	**DBO_5**	**DQO**	**SST**	**NTK**
Caudal afluente (m^3/d) y concentraciones a la 2da etapa (mg/L)	15	40	200	47	41
Tasas máximas de carga superficial recomendadas de acuerdo con las especificaciones francesas	0,37 $m^3/m^2\cdot d$	20 $g/m^2\cdot d$	70 $g/m^2\cdot d$	30 $g/m^2\cdot d$	15 $g/m^2\cdot d$
Área requerida para el filtro en funcionamiento (m^2)	41	30	43	23	41
Carga superficial real para el filtro en funcionamiento	0,31 $m^3/m^2\cdot d$	12,2 $g/m^2\cdot d$	61,2 $g/m^2\cdot d$	14,3 $g/m^2\cdot d$	12,6 $g/m^2\cdot d$
Caudal efluente final (m^3/d) y concentraciones (mg/L)	15	8	50	9	7

La calidad del efluente producido por el diseño adoptado en el ejemplo, cumple con los requisitos de descarga, y es mejor que el rendimiento promedio de una planta de tratamiento de FV típica francesa. Esto se debe a que el tamaño se redondeó hacia arriba a partir del criterio más restrictivo, NTK. Al igual que con otras tecnologías de tratamiento, el diseñador puede elegir el grado de riesgo y seguridad en los parámetros de diseño elegidos. Se recomienda encarecidamente evitar un diseño que proporcione una calidad de efluente demasiado cercana a los límites garantizados.

Paso 7. Especificar las características de las capas de filtro.

Las capas de filtro seguirán las especificaciones francesas, con valores intermedios de los rangos de altura para cada capa (Tabla 5.2). La altura de las capas será la misma que las de la primera etapa, a excepción del borde libre, que será menor (0,30 m), resultando en:

- Borde libre: $h = 0{,}30$ m.
- Capa principal: $h = 0{,}50$ m (arena de 0,25mm < d_{10} < 0,4mm y $d_{60}/d_{10} < 5$).
- Capa de transición: $h = 0{,}15$ m (grava de 3 a12 mm).
- Capa de drenaje: $h = 0{,}25$ m (grava de 20 a 60 mm).
- Profundidad total del filtro: $h_T = 0{,}30 + 0{,}50 + 0{,}15 + 0{,}25 = 1{,}20$ m.

Con un área de filtrado total de 98 m^2, los volúmenes del material de soporte que se utilizarán, se calculan en base a una celda inclinada 1:1, utilizando la longitud y el ancho superiores promedio para cada capa. Esto resulta en:

- Capa principal: V=10,6 m^3. Para 2 celdas, V=21,1 m^3.
- Capa de transición: V=2,6 m^3. Para 2 celdas, V=5,1 m^3.
- Capa de drenaje: V=3,7m^3. Para 2 celdas, V=7,4m^3.

Paso 8. Hacer dibujos esquemáticos del sistema

La disposición esquemática, para la vista superior, se muestra en la Figura 5.6, mientras que las capas de filtro de ambas etapas y su espesor, se resumen en la Tabla 5.5.

Table 5.5 Capas de filtro y espesor de capa (en cm) en la primera y segunda etapas de los humedales de FV tipo francés de este ejemplo.

Variable	Primera etapa	Segunda etapa
Borde libre	50	30
Capa principal	50	50
Capa de transición	15	15
Capa de drenaje	25	25

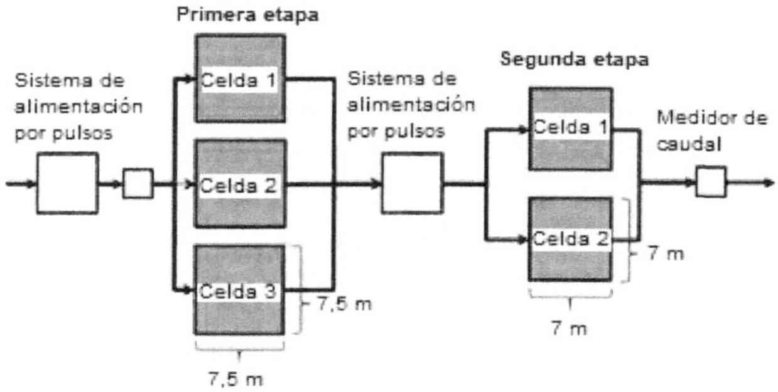

Figure 5.6 Disposición esquemática de las unidades de filtrado en las dos etapas de los humedales de FV tipo francés de este ejemplo.

5.5 CASO DE ESTUDIO

A modo de ejemplo, se presenta la depuradora de Roussillon, Francia. La ciudad de Roussillon tuvo que reemplazar un antiguo sistema de filtro percolador que se usaba para tratar las aguas residuales. La ciudad de Roussillon tiene una gran población turística en verano y se encuentra en un entorno muy sensible. No había electricidad disponible en el sitio. La capacidad de diseño del sistema de tratamiento de humedales es de 1250 hab-eq. Los estándares de efluentes que deben cumplirse son 25 mg DBO/L, 125 mg DQO/L, 35 mg SST/L. Los requisitos de nitrificación no fueron estrictos (50%). Sin embargo, el diseño se hizo para lograr concentraciones de efluentes por debajo de 15 mg/L de NTK, en caso de que se impongan requisitos de efluentes más estrictos en el futuro.

El sistema está compuesto por una rejilla (2 cm), seguida de un tanque de almacenamiento para carga intermitente (volumen 5,4 m^3). La carga intermitente funciona por gravedad, mediante un sifón. La primera etapa de celdas de humedales está compuesta por tres filtros en paralelo para una superficie total de 920 m^2. La capa principal del filtro tiene 60 cm de profundidad y grava con granulometría nominal de 2 a 6 mm. La distribución de las aguas residuales en la superficie del humedal se consigue mediante tuberías de acero inoxidable de 160 mm de diámetro (8 puntos de alimentación por filtro). Debajo de los puntos de alimentación, se colocan losas de hormigón para evitar la erosión de la superficie. Hay un segundo tanque de almacenamiento (volumen 6 m^3) y un sifón aguas abajo de la primera etapa, que proporciona carga intermitente a las celdas del humedal de la segunda etapa. La segunda etapa está compuesta por dos filtros en paralelo para una superficie total del sistema de 500 m^2. La segunda etapa es más pequeña que el diseño habitual debido a la gran variación de carga. La capa principal de la segunda etapa tiene una profundidad de 60 cm y está llena de arena (d_{10} = 0,4 mm; d_{60} = 1,0 mm). La distribución de las aguas residuales en la superficie se realiza mediante tuberías de PVC con orificios de 8 mm. Se coloca una capa de grava debajo de los orificios de distribución para evitar la erosión. Todos los filtros están plantados con caña común (*Phragmites australis*).

Los humedales se integran completamente en el valle (Figura 5.7), el cual es visitado por muchos turistas. Desde que el sistema se puso en funcionamiento en 1998, la planta ha estado tratando una carga contaminante promedio de alrededor de 950 hab-eq en la temporada alta de verano y de 710 hab-eq en la temporada baja de invierno.

La Tabla 5.6 muestra los datos de desempeño de los primeros 15 años de operación del humedal para tratamiento. Durante este período, la carga hidráulica media fue de 20 cm/d y de hasta 50 cm/d en verano, en el filtro en funcionamiento. Los requisitos de salida se han cumplido, incluso con carga orgánica que a veces ha excedido la carga de diseño en verano (hasta 400 g $DQO/m^2 \cdot d$ a finales de agosto). La planta de tratamiento aún está en operación y funcionando satisfactoriamente aun después de 18 años de operación.

Figure 5.7 Vista aérea del humedal de FV tipo francés de Rousillon. Foto cortesía de Vincent Leboeuf, grupo SYNTEA.

Tabla 4.3 Rendimiento del humedal de FV tipo francés de Rousillon desde 1998 hasta 2012 (promedio de muestras compuestas de 24 h de la base de datos del IRSTEA). La carga hidráulica se muestra aplicada solo al filtro en funcionamiento de la primera etapa.

		DBO_5			DQO			$N\text{-}NH_4$			$P\text{-}PO_4$		
Año	**Carga hidráulica (cm/d)**	**Entrada (mg/l)**	**Salida (mg/l)**	**Eliminación (%)**	**Entrada (mg/l)**	**Salida (mg/l)**	**Eliminación (%)**	**Entrada (mg/l)**	**Salida (mg/l)**	**Eliminación (%)**	**Entrada (mg/l)**	**Salida (mg/l)**	**Eliminación (%)**
Temporada normal	18,3	392	5	98	809	34	95	403	4	99	85.7	4.3	95
Julio/Agosto	45,6	355	5	98	710	40	94	368	6	98	69.6	6.4	90

La capa de depósito superior de lodos retenidos fue removida en 2011, luego de 13 años de operación (Figura 5.8). La tasa de acumulación de lodo para este sistema fue aproximadamente 2,3 cm/año. El depósito tenía un contenido de materia seca del 45% y estaba bien estabilizado (el contenido de materia orgánica era aproximadamente el 40% del contenido de materia seca). La acumulación de metales en la capa de depósito no fue problema, con respecto a la norma francesa para la aplicación agrícola directa.

Figura 5.8 Eliminación de lodos del humedal de FV tipo francés de primera etapa en Roussillon, Francia, después de 13 años de operación (Troesch y Esser, 2012)

6 HUMEDALES INTENSIFICADOS Y MODIFICADOS

6.1 INTRODUCCIÓN Y APLICACIÓN

Los tres tipos de humedales de tratamiento (humedales de FH, humedales de FV y humedales de FV tipo francés), como se describió en los capítulos anteriores, son sistemas de tratamiento pasivo que pueden funcionar sin suministro externo de energía (con la excepción de las bombas que pueden ser necesarias para la carga). Durante la última década, se han desarrollado nuevos diseños de humedales y/o estrategias operativas para cumplir con los más altos estándares de calidad del agua para la eliminación de fósforo y nitrógeno, y para reducir los requisitos de superficie. Estas nuevas estrategias han dado lugar a un grupo de tecnologías de humedales que se conocen colectivamente como *humedales para tratamiento intensificados*.

Los humedales intensificados generalmente se dividen en dos categorías: el uso de una fuente de energía externa para aumentar la capacidad aerobia del sistema (como la estrategia operativa de alimentación recíproca, la recirculación de efluentes o la aireación forzada), o medios filtrantes específicos (principalmente destinados a la mejora de la eliminación de fósforo). Este capítulo aborda las estrategias operativas y de diseño más comunes para la intensificación y mejora de la eliminación de nutrientes (fósforo y nitrógeno) y materia orgánica.

6.2 MEDIOS REACTIVOS

Los medios reactivos se pueden usar en humedales de flujo subsuperficial en lugar de arena y/o grava, para mejorar la eliminación de fósforo, o proporcionar una captación temporal de amonio. La eliminación de fósforo en los humedales de FH y FV para el tratamiento secundario de las aguas residuales domésticas, se basa principalmente en la adsorción, la precipitación y la cristalización sobre materiales ricos en Ca, Fe y Al. Los medios reactivos para mejorar la eliminación de fósforo incluyen productos naturales, subproductos industriales y productos manufacturados. La Tabla 6.1 muestra algunos de los medios reactivos utilizados para la retención de fósforo según Vohla *et al.* (2011). Una desventaja del uso de medios reactivos es que la mayoría aumenta significativamente el pH del efluente como un subproducto de la eliminación de fósforo (Tabla 6.1). Se encuentran en el mercado muchos productos disponibles comercialmente para mejorar la eliminación de fósforo, que se han utilizado en humedales para tratamiento, sin embargo, los materiales disponibles localmente, se recomiendan sobre otros materiales, siempre que sea posible.

En general, los materiales a base de calcio se usan ampliamente porque los iones de calcio pueden formar productos estables e insolubles con fosfato. A concentraciones más bajas de fósforo, la adsorción es el proceso dominante para la eliminación de fósforo, mientras que, a altas concentraciones de fósforo, se produce precipitación. Los precipitados pueden reducir el volumen de poros del filtro y, durante un tiempo prolongado, pueden afectar el desempeño hidráulico y ocasionar falla hidráulica debido a la colmatación del medio de relleno.

Tabla 6.1 Ejemplos de medios reactivos filtrantes usados para la retención de fósforo en humedales para tratamiento (extraído de Vohla *et al.*, 2011). La Arena es mostrada como punto de comparación a un material no reactivo filtrante.

Medio	Retención de Fósforo g P/kg medio	pH en el Efluente	Comentario
Medios naturales			
Arena	0,1	7,4	Humedal de FH, a escala real
Apatita	14	7,0	Experimento en columnas operado por 550 días
Conchas de ostras (calentadas)	120	8,3	Ensayo por lotes
Conchas de ostras (quemadas)	830	12,6	Ensayo en columnas
Arena de conchas	335	8,6	Humedal de FV, 1 año
Subproductos industriales			
Aceite de esquisto bituminoso	25-60	> 12	Experiencia a escala piloto y por lotes
Escorias de alto horno	1-2	> 10	Experiencia a escala real y por lotes
Cenizas volantes	100-400	9 – 11	Experiencia a escala real y por lotes
Productos manufacturados			
Filtralite P ®	0,5-5	> 10	Experiencia a escala real y por lotes
Ferrosorp ®	hasta 14	7 – 8	Experiencia a escala real y por lotes
LECA ®	hasta 12	10 – 12	Experiencia a escala real y por lotes
Phosclean ®	hasta 14	8.5 – 11	

La eliminación de fósforo con medios reactivos en los humedales para tratamiento es un proceso limitado en el tiempo, principalmente por la limitación de los sitios de adsorción, y en parte también, por los problemas hidráulicos causados por los precipitados. Después de que se alcanza la capacidad del material filtrante, la cual es finita, las concentraciones de fósforo en el efluente aumentan, y el material filtrante debe reemplazarse. En lugar de cambiar todo el material filtrante del humedal para tratamiento, se recomienda agregar filtros para retener fósforo sin plantar, como paso previo o posterior al tratamiento por humedales. Sin embargo, filtros más pequeños, instalados después del tratamiento, alcanzarán la saturación de fósforo más rápidamente y, por lo tanto, implicará un cambio más frecuente del material filtrante (Jenssen *et al.*, 2010). Como el fósforo es un recurso natural no renovable y por tanto limitado, es preferible usar materiales filtrantes que permitan reutilizar el fósforo retenido como fertilizante en agricultura. Los efectos de la alta capacidad de enlaces químicos del fósforo dada por la alta capacidad de eliminación, y la alta disponibilidad de este fósforo como fertilizante para las plantas, pueden ser contradictoria, y aún es materia de investigación (Jenssen *et al.*, 2010).

Además de mejorar la eliminación de fósforo, los medios reactivos también se utilizan para aumentar la retención de amonio. Las zeolitas se han aplicado en humedales de tratamiento con carga hidráulica más alta para adsorber amonio (y así aumentar su eliminación) durante la fase de carga del sistema. El amonio adsorbido es luego desorbido y nitrificado en la siguiente fase. Las zeolitas se han utilizado con éxito en los humedales de FV (Dal Santo *et al.*, 2010; Canga *et al.*, 2011; Stefanakis y Tsihrintzis, 2012b) y humedales franceses de FV (Paing *et al.*, 2015).

6.3 RECIRCULACIÓN

La recirculación implica retornar y mezclar una porción del efluente del humedal con el afluente a la planta de tratamiento. La recirculación de efluentes se ha propuesto como una modificación operativa para mejorar la eliminación de materia orgánica y nitrógeno, especialmente en sistemas de FV altamente aerobios. La eliminación de NT mejora, porque el efluente con considerable cantidad de nitrato, pero limitada materia orgánica, se mezcla con un afluente bajo en nitrato pero alto en carbono orgánico, permitiendo que la desnitrificación se lleve a cabo. Los principios de recirculación aplicados a los humedales de tratamiento son similares a los esquemas de desnitrificación previa que se aplican en las plantas de lodos activados convencionales. (Capítulo 7 del Volumen 5; von Sperling, 2007d).

Aunque es más común en los sistemas de FV, la recirculación se ha aplicado a prácticamente todos los tipos de humedales de tratamiento. Ya en la década de 1990, los experimentos de recirculación en un humedal de FV mostraron una mayor eficiencia, y dieron como resultado la incorporación de la recirculación en algunas guías de diseño (Laber *et al.*, 1997; Brix y Johansen, 2004; Brix y Arias, 2005). Las relaciones más altas devuelven más nitrato para la desnitrificación adicional, pero al mismo tiempo, aumentan la carga hidráulica y, por lo tanto, disminuyen la TRH del primer afluente, así la relación de recirculación adecuada es específica a las tasas de carga hidráulica y de nutrientes del sistema.

La Tabla 6.2 muestra ejemplos de estudios donde se aplicó la recirculación. Para los humedales de FH, el aumento de la carga hidráulica debido a la recirculación no fue beneficioso, y las eficiencias y tasas de eliminación disminuyeron. Para los humedales de FV, la eficiencia de eliminación de NT podría incrementarse con tasas de recirculación más altas, sin embargo, la eficiencia de eliminación de DQO y N-NH_4 disminuyeron (Laber *et al.*, 1997). Foladori *et al.* (2014) mostraron que, con la recirculación, se puede operar un humedal de FV con mayores cargas orgánicas e hidráulicas, y altas tasas y eficiencias de eliminación, pueden ser alcanzadas. La recirculación aplicada a los humedales de FV tipo francés tiene el objetivo principal de alcanzar los requisitos legales con una sola etapa y, por lo tanto, reducir el requisito de superficie. Los resultados mostraron que la eficiencia de nitrificación podría mejorarse mientras se mejora la eliminación de materia orgánica. Sin embargo, a altas cargas, la nitrificación y la eliminación de materia orgánica se reducen nuevamente.

Tabla 6.2 Ejemplos de recirculación aplicada a varios tipos de humedales para tratamiento

Tipo	Tasa de recirculación	Eficiencia de eliminación (%)			Tasa de eliminación ($g/m^2 \cdot d$)			Referencia
		DQO	N-NH_4	NT	DQO	N-NH_4	NT	
FH	0%	88	80	81	9,0	0,5	0,9	Stefanakis and Tsihrintzis (2009)
	50%	86	41	65	6,9	0,2	0,6	
FV	0%	92	99	15	10,6	1,9	0,3	
	50%	91	99	39	10,5	1,9	0,9	
	80%[a]	88	97	64	10,1	1,8	1,4	Larber et al. (1997)
	0%	78	75	27	25,9	3,0	1,4	
	100%[b]	86	87	39	58,5	5,2	3,2	
FV francés	50%	90	58	56	175,9	6,0	9,7	Prost-Boucle and Molle (2012)
(1ra Etapa)	100%	92	78	61	115,9	6,9	8,6	
	100 (alto)[c]	80	41	23	140,8	5,0	4,1	

[a]Recirculación en la unidad de tratamiento primario, con 20 cm de saturación de agua en la capa principal.
[b]Recirculación en la superficie del filtro, con 20 de saturación de agua en el fondo.
[c]1,9 veces mayor que la carga hidráulica y 1,4 veces mayor que la carga orgánica, respectivamente.

6.4 SATURACIÓN PARCIAL

Otra forma de aumentar la eliminación de NT es la saturación parcial de los humedales de FV y los humedales de FV tipo francés. La saturación parcial significa que la capa superior de una celda FV no está saturada y la capa inferior está saturada. La parte no saturada del sistema permanece en condiciones aerobias, lo que permite una buena nitrificación. La parte saturada del lecho de FV permite la desnitrificación si prevalecen condiciones anóxicas y suficiente materia orgánica alcanza la parte saturada del lecho de tratamiento. La Tabla 6.3 muestra ejemplos de saturación parcial aplicada a un humedal de FV y un humedal de FV tipo francés de una etapa, respectivamente. Para un humedal de FV con una capa principal de 50 cm, la eliminación de NT sólo se puede aumentar cuando se usa arena gruesa (por ejemplo, tamaño de 1 - 4 mm) para la capa principal. Si se usa arena más fina, la materia orgánica se degradada en la parte insaturada, y no estará disponible para la desnitrificación en la capa de drenaje saturada de 15 cm. Para un humedal de FV tipo francés de una sola etapa, una capa saturada de 40 cm incrementa la eliminación de NT en comparación con una capa de drenaje saturada de 20 cm. Sin embargo, cuando se agrega la recirculación, no existe diferencia con respecto a las tasas de eliminación para diferentes profundidades de la capa saturada.

6.5 ALIMENTACIÓN SECUENCIAL

En los humedales para tratamiento se puede emplear el llenado y el drenaje secuencial de las aguas residuales para aumentar la disponibilidad de oxígeno subsuperficial y, por lo tanto, la eliminación de compuestos que requieren oxígeno, como DQO, DBO_5 y nitrógeno amoniacal. Estos humedales para tratamiento se conocen comúnmente como flujo por pulsos, llenado-vaciado, o humedales de alimentación secuencial (Sun *et al.*, 1999; Behrends *et al.*, 2001; Austin, 2006; Wu *et al.*, 2011; Stefanakis *et al.*, 2014). Se ha demostrado que la fluctuación frecuente del nivel de agua, o la operación en el modo de llenado-vaciado, aumenta el rendimiento del tratamiento en comparación con los lechos que tienen un nivel de agua estático (Tanner *et al.*, 1999). La alimentación secuencial se refiere al llenado y vaciado alternativo de pares de celdas de humedal, mientras que el flujo por pulsos y/o las celdas de humedal de llenado-vaciado pueden configurarse en pares o en serie (solo flujo secuencial, uno tras otro).

La tasa de transferencia de oxígeno a los humedales de tratamiento con alimentación secuencial está relacionada con la frecuencia de la fluctuación del nivel del agua. Durante el ciclo de drenaje, el aire se introduce en la matriz del medio filtrante y en la película de agua en la superficie del medio filtrante (Green *et al.*, 1997). La difusión de oxígeno en la película de agua es rápida (del orden de segundos) (Behrends *et al.*, 2001). Durante el ciclo de llenado posterior, la película de agua sobre la superficie de grava está rodeada de agua anaerobia o anóxica, y prevalecen las condiciones reductoras. La secuencia alternativa óxica/ anóxica se repite varias veces al día (entre 6 y 24 ciclos por día), lo que crea condiciones únicas que desarrollan una comunidad microbiana diversa y robusta. Como resultado, los humedales de alimentación secuencial son particularmente adecuados para eliminar contaminantes de aguas residuales complejas, y han mostrado altas tasas de eliminación, especialmente para NT (Tabla 6.4).

Tabla 6.3 Ejemplos de saturación parcial aplicada a varios Humedales de FV y FV Francés.

Tipo	Grado de saturación	Eficiencia de eliminación (%)			Tasa de eliminación ($g/m^2 \cdot d$)		
		DOQ o COT	$N-NH_4$ o NTK	NT	DOQ o COT	$N-NH_4$ o NTK	NT
FV (Arena)[a]	Insaturado	97[b]	99,9	14	8,6[b]	2,1	0,4
	15 cm (Capa de drenaje)	97[b]	99,6	14	8,6[b]	2,1	0,4
FV (Arena gruesa)[a]	Insaturado	89[b]	88	14	31,3[b]	7,3	1,4
	15 cm (Capa de drenaje)	91[b]	81	32	31,9[b]	6,7	3,3
FV Francés Etapa simple[4]	20 cm	92	87[c]	70	86	7,9[c]	6,3
	40 cm	97	91[c]	77	91	8,3[c]	7,0
	20 cm + 100% recirculación	98	96[c]	83	63	5,8[c]	5,0
	40 cm + 100% recirculación	998	96[c]	84	63	5,8[c]	5,1

[a]Arena = 50 cm de capa principal de arena con grava de tamaño 0,06-4mm. Arena gruesa = 50 cm de capa principal de arena gruesa con grava de tamaño 1-4 mm. Langergraber et al. (2004).
[b]COT : Carbono Orgánico Total
[c]NTK : Nitrógeno Total K
[d]Prigen et al. (2013)

Tabla 6.4 Desempeño de un humedal con alimentación secuencial en comparación con otros diseños de humedales de tratamiento intensivos y convencionales (calculado a partir de Nivala *et al.*, 2013).

	Porcentaje de masa eliminada			**Tasa superficial de masa eliminada ($g/m^2 \cdot d$)**		
	DBO_5	**N-NH_4**	**NT**	**DBO_5**	**N-NH_4**	**NT**
FH	81.1%	2.8%	23.2%	6.8	0.1	0.6
FV (arena)	99.5%	87.2%	27.6%	21.4	4.3	1.9
FV + aireación	99.4%	99.1%	44.6%	22.0	5.2	3.1
FH + aireación	99.9%	99.3%	40.6%	31.1	7.3	3.9
Secuencial	99.3%	91.3%	72.3%	29.9	6.6	7.1

Los humedales con alimentación secuencial tendrán mayores costos de inversión, operación y mantenimiento, debido a las bombas y componentes adicionales necesarios para trasladar el agua de un lado a otro entre las celdas. A pequeña escala, esto puede hacer que la tecnología sea excesivamente complicada o demasiado costosa para su implementación. Sin embargo, para sistemas más grandes, la tecnología secuencial o de llenado-vaciado puede ser una opción tecnológica rentable. En sitios inclinados, el uso de sifones puede disminuir significativamente los costos operativos continuos de mover el agua de una celda a otra (Austin y Nivala, 2009). El uso de capas de drenaje cuidadosamente diseñadas, y bombas de alto volumen y baja cabeza, también pueden permitir el tratamiento de aguas residuales a largo plazo para ser competitivo con otras tecnologías convencionales de tratamiento de aguas residuales (Behrends *et al.*, 2001).

6.6 AIREACIÓN

En las últimas décadas, el uso de aireación activa (por ejemplo, una bomba de aire conectada a una red subterránea de tuberías de distribución de aire) se ha aplicado a los humedales de FH (Wallace, 2001; Higgins, 2003; Ouellet-Plamondon *et al.*, 2006; Maltais-Landry *et al.*, 2009; Butterworth *et al.*, 2016) así como a humedales saturados de FV (Murphy y Cooper, 2011; Wallace y Liner, 2011; van Oirschot *et al.*, 2015). En el Reino Unido, más de 40 humedales de FH para tratamiento terciario se han adaptado exitosamente a sistemas con aireación para aumentar la capacidad de tratamiento y extender la vida útil (Murphy *et al.*, 2016). El uso de esta tecnología de humedales no se limita a las aguas residuales domésticas. Los humedales aireados también se han implementado con éxito para una variedad de aguas residuales industriales complicadas, que incluyen (pero no se limitan a) lixiviados de vertederos (Nivala *et al.*, 2007), escorrentía de deshielo de aeropuertos (Murphy *et al.*, 2014), relaves mineros (Higgins, 2003) y aguas subterráneas contaminadas con compuestos de petróleo (Wallace y Kadlec, 2005). Los humedales aireados también se han utilizado para tratar los flujos del vertederos de excesos (Nivala *et al.*, 2014) y las aguas residuales de los centros de visitantes (Murphy *et al.*, 2013).

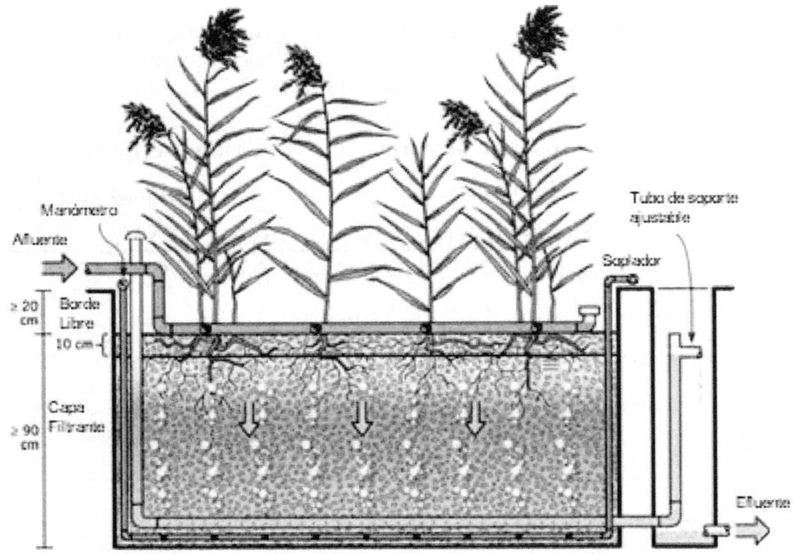

Figure 6.1 Esquema de un humedal aireado; FV

Los humedales aireados generalmente están diseñados con un medio de grava gruesa y una profundidad saturada de al menos 100 cm, y pueden ser de FH o FV saturados (Figura 6.1). En la mayoría de los humedales de tratamiento aireados, el nivel del agua en el humedal está regulado por la tubería vertical del efluente y se mantiene entre 5 y 10 cm por debajo de la superficie de la capa de grava. En climas fríos, se puede usar una capa aislante de 15-20 cm de paja para proteger el sistema de la congelación en el invierno (Wallace y Nivala, 2005).

Se ha reportado que los humedales para tratamiento aireados tienen tasas de eliminación de materia orgánica entre 10 y 100 veces más altas que los diseños de humedales de tratamiento convencionales (Nivala, 2012). Como se puede ver en la Tabla 6.4 (sección anterior), los humedales de FH aireados y FV aireados son extremadamente eficientes en la eliminación de carbono y amonio, y eliminan NT de manera más efectiva que los diseños tradicionales de FH o FV. Se ha demostrado que la aireación intermitente (múltiples ciclos de encendido/apagado de la aireación por día) mejora la eliminación de NT en los humedales aireados con FV (Fan *et al.*, 2013; Foladori *et al.*, 2013; Boog *et al.*, 2014).

7 HUMEDALES DE FLUJO LIBRE

7.1 INTRODUCCIÓN Y APLICACIONES

Los humedales de FS fueron una de las primeras opciones de humedales para tratamiento que se implementaron, ya que imitan los procesos de purificación del agua que se llevan a cabo en un humedal natural más que cualquier otro tipo de humedal para tratamiento. Se usan comúnmente para tratar fuentes no puntuales como las aguas pluviales urbanas, la escorrentía agrícola y los flujos cargados de metales, además de las aguas residuales municipales (Vymazal, 2013). Debido a su costo relativamente bajo por unidad de área, su mayor aplicación radica en situaciones de alto volumen de flujo y baja concentración de contaminantes. En el tratamiento de aguas residuales domésticas y municipales, generalmente se encuentran después de otras unidades de tratamiento y con frecuencia se consideran como una etapa terciaria o de pulimento. Los valores estéticos y del hábitat son a menudo tan importantes como la mejora en la calidad del agua, para el diseño.

La estructura física de un humedal de FS es tan diversa como su aplicación potencial. Pueden estar impermeabilizados o no, ser de profundidad constante o variable, con vegetación total o parcial, la vegetación puede ser emergente, sumergida o flotante y su tamaño puede variar desde unos pocos metros cuadrados hasta varios kilómetros cuadrados. Sin embargo, hay varias características definitorias esenciales. El nivel del agua se mantiene por encima de una matriz enraizada de suelo, arena o grava que soporta el crecimiento de plantas de humedal, las cuales pueden sobrevivir en condiciones de inundación continua. El flujo es horizontal, pero puede tomar un camino tortuoso desde la entrada a la salida a una velocidad muy baja (Figura 7.1). Este capítulo describe el humedal típico de FS que trata aguas residuales municipales de bajas concentraciones, después de que la mayoría de los SST y DQO o DBO_5 en el afluente se han eliminado, por ejemplo, después del tratamiento secundario. Otras aplicaciones de los humedales de FS incluyen los humedales de tratamiento flotante (Sección 8.4), los humedales de aguas pluviales, los bio-pantanos inundados permanentemente y los humedales que emplean vegetación sumergida.

Los humedales de FS dependen de un conjunto diverso de mecanismos de eliminación de contaminantes, incluyendo la sedimentación física y la degradación de contaminantes por rutas químicas, microbianas y lumínicas. Más que otras variantes de humedales de tratamiento, los humedales de FS promueven simultáneamente procesos aeróbicos y anaeróbicos y las tasas de carga de materia orgánica a menudo determinan cuál domina. La capa de enraizamiento es en gran parte anaerobia, especialmente después de que el sistema madura y una capa de detritos que consiste en vegetación muerta y sedimento entrante se establece sobre ella. Los niveles más bajos de la columna de agua pueden variar de anaerobio a aerobio dependiendo de las tasas de carga de contaminantes, la profundidad de la columna de agua y la distancia desde el punto de entrada del flujo. El humedal debe diseñarse de manera que las capas superiores de la columna de agua sean siempre aerobias para evitar la liberación de olores y promover la muerte de organismos patógenos. Prácticamente todas las reacciones dependientes del potencial redox, incluidas la nitrificación y la desnitrificación, son posibles en el humedal de FS debido a este conjunto de condiciones redox. Las áreas de aguas abiertas permiten que la luz solar penetre y mejoran la fotodegradación.

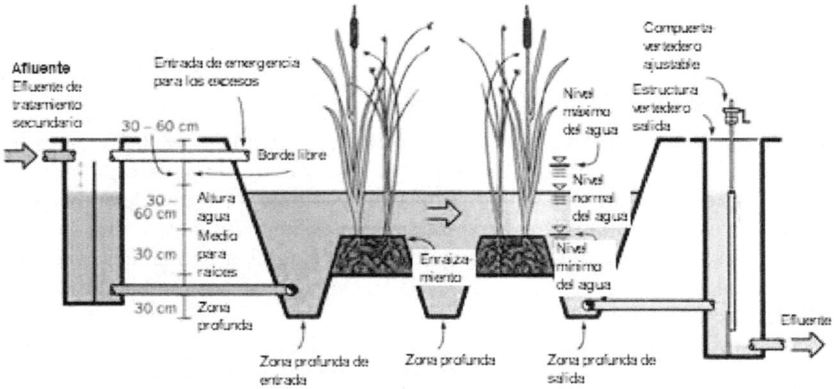

Figura 7.1 Representación de un humedal de FS.

La captación por las plantas en un sistema de FS juega un papel más importante en la eliminación de nutrientes que en otros tipos de humedales de tratamiento. Las plantas también liberan pequeñas cantidades de oxígeno y compuestos de carbono orgánico en la matriz de enraizamiento, alimentando procesos microbianos aerobios y anóxicos. La mayoría de los procesos que juegan un papel en los humedales de tratamiento FS se representan en la Figura 7.2.

7.2 DISEÑO Y OBJETIVOS DE CALIDAD DEL AGUA

Si bien los humedales de FS se han utilizado para el tratamiento secundario de aguas residuales municipales con solo separación de sólidos como tratamiento previo, tienen menos sitios de adhesión para biopelículas microbianas y, por lo tanto, tasas de reacción más lentas en comparación con los humedales de FH y FV, que son más rentables para los objetivos de tratamiento secundario. Los objetivos más comunes de los humedales de FS son la eliminación terciaria mejorada de nutrientes, la sedimentación de sólidos como las algas generadas en las unidades de tratamiento previas, la estabilización del caudal y de las fluctuaciones en la concentración de contaminantes, o la recarga de aguas subterráneas con aguas residuales procesadas. Siempre que exista espacio, el tamaño puede ser incrementado para proporcionar hábitat a la vida silvestre o por consideraciones estéticas.

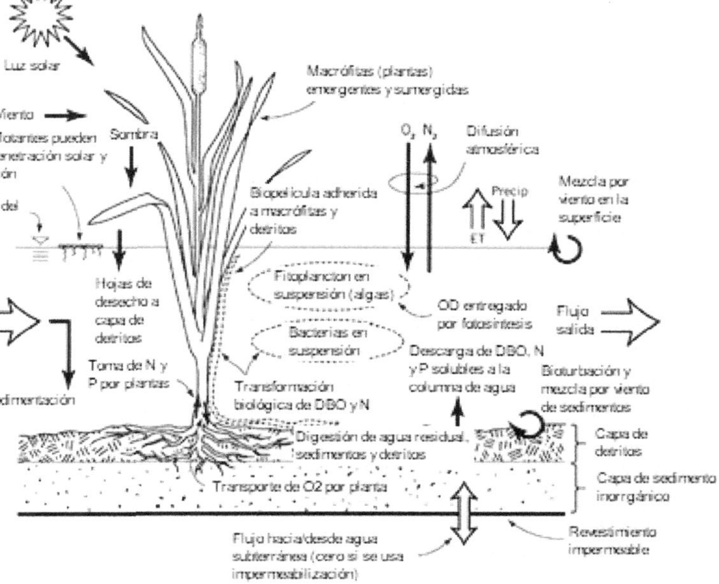

Figura 7.2 Principales procesos en los humedales de FS. Reimpreso con permiso de Wallace y Knight (2006)

La hidrología, la hidráulica y las consideraciones climáticas son factores de diseño importantes. La influencia de la infiltración (si no se impermeabiliza), la precipitación y la ET en el balance hídrico aumenta debido a la gran área superficial y la combinación de aguas abiertas y plantas emergentes. El área superficial grande y la velocidad baja aumentan el potencial de cortocircuito hidráulico. Las limitaciones climáticas como la congelación y la infiltración potencialmente significativa y las pérdidas por ET se ven exacerbadas por los niveles de agua sobre la superficie del suelo y los largos tiempos de retención. La minimización del tamaño para una expectativa dada de eliminación de contaminantes, un primer paso típico en el diseño del tratamiento de humedales, puede que ni siquiera sea una consideración porque los objetivos de calidad del agua de los humedales de FS pueden ser menos importantes que los objetivos estéticos u otros del proyecto. Sin embargo, el ingeniero de diseño debe asegurarse de que el tamaño determinado a partir de otros objetivos del proyecto sea suficiente para lograr un objetivo dado de calidad del agua.

La diversidad de aplicaciones potenciales, objetivos de diseño y metas de tratamiento hace que el diseño de humedales de FS sea simultáneamente más complicado, pero también más flexible en comparación con otras opciones de humedales tratamiento. Tienden a ser menos optimizados para la eliminación de un contaminante específico o conjunto de contaminantes y el diseñador se basa más en los procesos de fondo y las tasas de proceso, no muy diferente de los que ocurren en los humedales naturales. Como con todos los procesos naturales, la eliminación completa de carbono orgánico y nutrientes no es posible. De hecho, los humedales producirán estos compuestos si los valores en el afluente son menores que las tasas de producción de fondo. La consideración de las concentraciones de fondo caracterizadas por C* es mucho más importante para la predicción del rendimiento que los parámetros cinéticos de degradación cuando las concentraciones en el influente están cerca de los valores de C*, porque las tasas son lentas independientemente de las constantes cinéticas de primer orden. Las concentraciones de fondo reportadas en los humedales de FS se proporcionan en la Tabla 2.5.

A pesar de las similitudes, existen diferencias importantes entre los humedales de tratamiento de FS y los humedales naturales. Los humedales de FS reciben cargas de contaminantes que son bajas en comparación a otros sistemas de tratamiento de aguas residuales (secundarios), pero son altas en comparación con los humedales naturales. Una mayor carga de nutrientes tiende a aumentar la producción de biomasa vegetal y su eventual depósito como detrito. La tasa de acumulación de detrito se puede acentuar porque los humedales de FS generalmente se mantienen inundados, dependiendo de las vías de descomposición anaerobia, incluso durante los períodos de poca agua. Esto tiene varios efectos. La captación de nutrientes por las plantas aumenta durante los períodos de crecimiento y es menos probable que se vuelva a liberar por la descomposición de los detritos. Por lo tanto, la deposición puede ser un mecanismo significativo de eliminación de nutrientes dependiente de la estación. La acumulación de detritos aumenta la demanda de oxígeno en la zona de raíz. Las plantas responden a un mayor estrés de oxígeno aumentando la transferencia de oxígeno a las raíces, por lo tanto, paradójicamente, los procesos aerobios en los medios de enraizamiento pueden mejorarse a pesar de que la condición redox global es altamente reducida. Los detritos son también una fuente de carbono orgánico que los organismos desnitrificantes pueden utilizar para remover nitrato.

Hidrología

Un balance hidrológico general se presenta en la Sección 2.2. Al igual que con todos los humedales para tratamiento, es importante aislar el sistema de la escorrentía de las áreas de tierra circundantes (a menos que el tratamiento de la escorrentía sea un objetivo de diseño). También se debe proporcionar un borde libre adecuado para la precipitación que cae sobre la superficie y una opción de desbordamiento de emergencia si se supera la tormenta de diseño. El efecto del aumento de la profundidad en la hidráulica de las obras de salida se debe considerar porque es importante asegurar que el nivel del agua volverá a la normalidad dentro de un período de extracción apropiado. El borde libre también debe tener en cuenta la formación de una capa de detritos y, cuando sea relevante, la formación de hielo.

Las pérdidas debido a la infiltración (si es sin impermeabilización) y la ET son generalmente más importantes que la entrada por precipitación porque el nivel del agua debe mantenerse por encima del medio de enraizamiento para evitar la rápida oxidación de la capa de detritus acumulada. La infiltración en sistemas no impermeabilizados debe considerar la tasa de infiltración inicial y la tasa más lenta anticipada una vez que se establece una capa de detritos. La infiltración inicial depende en gran medida de las propiedades del suelo, especialmente la textura, pero puede minimizarse mediante compactación o agregando una arcilla expansiva (como la bentonita) antes de agregar los medios de enraizamiento. Cuando se toman tales acciones, la disminución en la tasa de infiltración debido a la acumulación de detritos se minimiza. Las pérdidas por evapotranspiración pueden ser significativas en climas cálidos y áridos y en climas templados, en verano. Su efecto es reducir el flujo de salida y concentrar contaminantes, así, las tasas de degradación de contaminantes deben exceder la tasa a la que la ET concentra los contaminantes. Debido al agua libre por encima de la superficie del suelo, la ET de los humedales de FS a menudo se supone similar a los cuerpos de agua abiertos poco profundos, y como una primera aproximación, se puede considerar como el 80% de las tasas de evaporación de bandeja fácilmente disponibles. Si las tasas calculadas son una parte significativa del flujo de diseño, se justifica el uso de métodos más precisos.

Hidráulica

La profundidad del flujo se limita al nivel máximo que una especie deseada de planta puede sobrevivir permanentemente, en condiciones de inundación. Un límite superior es de aproximadamente 60 cm, pero la mayoría de los sistemas están diseñados para tener una profundidad promedio de alrededor de 30 cm. La profundidad se puede aumentar en algunos lugares internos para promover áreas de agua abiertas. Alinear áreas de agua abiertas en franjas perpendiculares a la dirección del flujo puede ayudar a limitar cortocircuitos hidráulicos, pero puede comprometer la vida silvestre y las consideraciones estéticas. La profundidad de diseño también debe tener en cuenta los factores hidrológicos como se discutió anteriormente.

Las velocidades de flujo y profundidades promedio a través de un humedal de FS son tales que el flujo es por lo general de transición o laminar, por lo tanto, el dimensionamiento hidráulico no puede utilizar las ecuaciones para flujo turbulento, tales como la Ecuación de Manning. Sin embargo, el arrastre por fricción creado por una densa vegetación emergente no puede ignorarse incluso en el flujo laminar. Los métodos para estimar la velocidad en los humedales de FS se presentan en la Sección 2.2. Con una profundidad promedio preseleccionada, el área de la sección transversal del flujo se puede determinar mediante el uso de las ecuaciones 2.1 y 2.2. El área superficial mínima se determina entonces, a partir de consideraciones de calidad del agua como se describe en la siguiente subsección.

Calidad del Agua

Debido a su uso extendido como una etapa de pulimento terciario en el tratamiento de aguas residuales municipales, los humedales de FS generalmente se enfocan a los nutrientes, por ejemplo, la eliminación de nitrato y/o fósforo, pero también se han empleado para reducir organismos patógenos y/o sólidos en suspensión, específicamente algas cultivadas en unidades de tratamiento previos. El parámetro de diseño clave es un área superficial de humedal adecuada para cumplir con el objetivo de descarga o la expectativa de eliminación de contaminantes. Algunas jurisdicciones pueden prescribir un criterio de la tasa de carga másica, por ejemplo, kg/ha·año o $g/m^2 \cdot d$, pero el modelo modificado de primer orden es más utilizado a menudo. Tanto la versión volumétrica como la basada en el área se pueden emplear, pero ya que el rango de profundidades de diseño para humedales FS es relativamente estrecho, los dos métodos producen resultados similares. En un caso, la determinación del área superficial apropiada es directa. Cuando la versión volumétrica se utiliza, el TRH calculado se divide por la profundidad del agua para determinar el área requerida. En cualquier caso, la longitud del humedal se determina a partir del área superficial después de que el ancho se determina del área de la sección transversal calculada del análisis hidráulico. Los coeficientes de tasa basados en el área reportados se proporcionan en la Tabla 2.3.

Balance Térmico

En climas fríos, los humedales de FS deben ser protegidos de la congelación en invierno. Una solución es simplemente suspender el uso del humedal en invierno, ya sea almacenando el agua durante este tiempo para su tratamiento en el verano siguiente o asumiendo que el contaminante de interés (por ejemplo, algas o patógenos) no es un problema en invierno. Algunas jurisdicciones prescriben esta alternativa. Una segunda alternativa es aumentar el nivel del agua antes del inicio del período de congelación para permitir la formación de una capa de hielo. Luego se baja el nivel del agua después de la formación de la capa de hielo, lo que entonces permite que el espacio de aire y hielo entre el hielo y la superficie del agua proporcione suficiente aislamiento térmico para mantener la temperatura del agua por encima de la temperatura de congelación. Sin embargo, es importante elevar el nivel del agua antes de la formación de hielo para que los tallos de las plantas encerrados en el hielo no se desarraiguen a medida que aumenta el nivel del agua. La determinación del aumento adecuado en el nivel del agua se convierte en un proceso iterativo, balanceando la tasa de formación de hielo en relación con la pérdida de calor decreciente debido al aumento del espesor del hielo para el peor período de temperatura. Wallace y Knight (2006) proporcionan un ejemplo de cómo se puede hacer dicho cálculo.

Otras consideraciones de diseño

El cortocircuito hidráulico y las zonas muertas hidráulicas son problemas comunes en humedales de FS de gran tamaño. La vegetación alterna y las zonas de agua abiertas a lo largo de la ruta del flujo pueden ayudar, pero las estructuras de las entradas y salidas diseñados para distribuir y recolectar el flujo en todo el ancho son componentes esenciales. También es posible dividir el área requerida de humedal en un conjunto de celdas más pequeñas y más manejables. Las celdas se pueden organizar en serie o en paralelo. En cualquier caso, las ineficiencias hidráulicas de cualquier celda se minimizan.

Las diferentes especies de plantas usadas en humedales tienen diferentes densidades, biomasa, patrones de crecimiento y senescencia, potencial de transferencia de oxígeno, tasas de acumulación de detritos y una serie de otros factores que influyen en los procesos biogeoquímicos en los humedales. También tienen diferentes tolerancias de inundación, lo que influye en la profundidad de diseño. Además, un humedal ya establecido, especialmente un humedal de FS, será colonizado por especies que no fueron plantadas originalmente. Si bien la selección de especies probablemente desempeña un papel en el rendimiento (Brisson y Chazarenc, 2009; Taylor *et al.*, 2011), simplemente no hay información suficiente para que la selección de plantas sea un criterio de diseño, incluso si el rendimiento para la calidad del agua es la única preocupación. La mejor opción es plantar un humedal de FS con plantas que se establezcan y crezcan bien en la región y considerar la diversidad de las plantas por su influencia en los objetivos de mejora del hábitat y evitar la muerte prematura. Las plantas de uso común incluyen *Phragmites*, *Typha* y *Schoenoplectus* en climas templados, y plantas como *Canna* o *Arundo* en climas tropicales. Los medios en los que se enraizarán las plantas también pueden influir en el rendimiento, pero en la mayoría de los casos, se usa suelo nativo. Si se utiliza un revestimiento, la profundidad media de la planta es de 30 cm, pero esta capa se espesa gradualmente con el tiempo a medida que la capa de detritos se descomponen y se acumulan en el fondo del lecho. El rendimiento de los humedales de FS generalmente mejora durante los primeros años a medida que las plantas establecen masas gruesas y la capa de detritos se acumula.

7.3 OPERACIÓN Y MANTENIMIENTO

Los humedales de FS necesitan muy poco mantenimiento en condiciones normales de operación. Se recomienda la inspección periódica de las estructuras de entrada y salida y la salud de las plantas. Las plantas que están sometidas a estrés por oxígeno tienden a concentrar las raíces más cerca de la superficie, lo que las hace menos tolerantes a las condiciones periódicas de agua profunda y más susceptibles al vuelco, así, a la completa inmersión y muerte. La gran escala típica de los humedales de FS los hace susceptibles a la acción de las olas, lo que puede exacerbar el vuelco de las plantas y aumentar el potencial de erosión de las orillas inducida por el viento.

7.4 CASO DE ESTUDIO

El humedal Alhagen es un humedal FS en Suecia que se construyó durante 1997 y entró completamente en operación en 1998. Uno de los objetivos principales era reducir la carga de nitrógeno al Mar Báltico desde la planta de tratamiento de aguas residuales en la ciudad de Nynäshamn, que en ese momento estaba equipada con tratamiento mecánico y químico. Como el humedal era el único tratamiento biológico de aguas residuales, se diseñó para promover tanto la nitrificación como la desnitrificación, y fue operado inicialmente durante el período de abril a diciembre de cada año. Durante 2001, se agregó un SBR (reactor biológico secuencial) a la planta de tratamiento y desde el otoño de 2002, el influente al humedal ha sido tratado mecánica, biológica y químicamente.

El área del humedal cubre un área de tratamiento húmedo de 28 ha, con un tiempo de retención de aproximadamente 14 días. Está situado en un valle con tierra que era cultivable, en suelos arcillosos; aunque parte del humedal es un fango natural. Las aguas residuales tratadas se bombean a la entrada del humedal y fluyen por gravedad a través del sistema. En la primera parte del humedal, se tratan las aguas residuales, y en la parte inferior las aguas residuales tratadas se mezclan con aguas pluviales sedimentadas de alrededor de 200 ha (Figura 7.3). La carga anual de aguas pluviales es de alrededor de 150,000 m^3, o <8% de la carga hidráulica.

En la primera parte, el agua residual fluye a través de pequeños humedales alargados en serie, originalmente destinados para sedimentación de lodos, y luego se descarga alternativamente al humedal Oeste o Este con macrófitas predominantemente emergentes como *Phragmites australis*, *Typha sp.*, *Scirpus sylvaticus* y *Carex riparia* . Los humedales se cargan cada tres o cuatro días y operan en modo "por pulsos" para mejorar la oxigenación y lograr buena eficiencia hidráulica. El agua de las dos secciones se recoge en un humedal alargado y se reenvía al humedal Stordammen, dominado por macrófitas emergentes y que también opera en modo "por pulsos" (Figura 7.3). Desde aquí, el agua se descarga dos veces a la semana a un área de flujo superficial,

Skålpussefallet, cubierto por *Typha latifolia* y pastos forrajeros desde el cual se colecta en una laguna con plantas sumergidas principalmente y luego se mezcla con aguas pluviales. El agua mezclada fluye hacia dos humedales finales poco profundos con plantas emergentes (*P. australis* y otras especies).

Figure 7.3 Humedal Alhagen con los primeros humedales de entrada y los humedales alternativamente cargados oeste (izquierda), este (fondo) y el humedal de entrada (izquierda del automóvil) con un canal de derivación para aguas pluviales entre las vías. Foto cortesía de Christer Svedin.

La eficiencia para el tratamiento del N ha sido estable y satisfactorio durante todo el período de operación. Para el período presentado aquí, la eliminación promedio total de N fue de 61% para el período 2003–2009 (Tabla 7.1), cuando la concentración de N-NH_4^+ en la entrada fue de 16 mg/L en comparación con los 37 mg/L en los tres años anteriores. Hay una fuerte variación estacional en la eliminación de N desde un bajo valor cercano a 30% durante febrero - marzo hasta alrededor del 80% o más durante los meses más cálidos. Además de la eliminación de N, el humedal funciona como una etapa eficiente de pulimento con respecto al fósforo total y DBO_7 con concentraciones en un tercio de los niveles de descarga permitidos, lo cual es altamente beneficioso para el Mar Báltico como receptor. Actualmente, el personal del municipio está trabajando en un proyecto para optimizar la operación combinada del SBR y el humedal para lograr el tratamiento más eficiente posible.

Tabla 7.1 Caracteristicas del agua residual y resultados del tratamiento del humedal Alhagen durante 1999-2001 y 2002-2009.

	TRH (mm/d)		**NT (mg/L)**		**PT (mg/L)**		**DBO_7 (mg/L)**		**Carga de NT (kg/ha·yr)**		**Carga de PT (kg/ha·yr)**	
	99-02	**03-09**	**99-02**	**03-09**	**99-02**	**03-09**	**99-02**	**03-09**	**99-02**	**03-09**	**99-02**	**03-09**
Entrada	16	0.019	37	22	0.39	0.30	35	9.7	1,607	1,506	17	20
Salida			11	6.8	0.10	0.06	3.9	3.0	500	590		
Removido									*1,107*	*916*	*12*	*15*

8 OTRAS APLICACIONES

8.1 HUMEDALES DE DESCARGA CERO (EVAPORATIVOS)

En sistemas de descarga cero, como su nombre lo indica, no hay descarga de aguas residuales tratadas. El sistema se diseña para permitir que todo el efluente sea liberado hacia la atmósfera por la ET de las plantas. Dependen de tasas de ET reales que superen las tasas de precipitación sobre una base anual. Las principales características de estos sistemas son la descarga cero y la eliminación de nutrientes a través de la biomasa vegetal cosechada. Los sistemas de descarga cero se han desarrollado e implementado principalmente en Dinamarca e Irlanda (Gregersen *et al.*, 2003; Brix y Arias, 2005; Environmental Protection Agency Ireland, 2010; O'Hogain *et al.*, 2010), acentuando el hecho de que las tasas de ET anuales potenciales no necesitan sobrepasar la precipitación anual para que los sistemas funcionen correctamente. Debido a su rápido crecimiento y su alta tasa de ET, los sauces (*Salix viminalis L.*) son las especies más usadas para este tipo de sistemas.

La pérdida total anual de agua por los sistemas de descarga cero con sauce se puede suponer que es mayor que la de la ET potencial en el lugar, según lo determinado por los parámetros climáticos. En pequeños humedales de tratamiento, la vegetación experimenta mayor evaporación por el "efecto oasis", que resulta del aire más cálido y seco que fluye a través del área de dosel de las plantas. Además, también está el "efecto tendedero" donde la altura de la vegetación es mayor que la del entorno y puede incrementar la pérdida por evaporación. Por lo tanto, la ET para espacios aislados, por unidad de superficie, puede ser significativamente mayor que la ET potencial calculada (Kadlec y Wallace, 2009).

Los sistemas de descarga cero pueden satisfacer incluso los requisitos más estrictos porque no producen efluente (Figura 8.1). De acuerdo con Brix y Arias (2005), las características principales de los sistemas de descarga cero con sauce en Dinamarca, se pueden resumir como:

- Para un sistema de hogar único (5 hab-eq), las aguas residuales deben ser tratadas previamente en un tanque de sedimentación de dos o tres cámaras con un volumen mínimo de 2 m^3.
- Los sistemas cerrados con sauce se construyen generalmente con un ancho de 8 m, una profundidad mínima de 1,5 m y con una inclinación de 45 grados a los lados.
- Se asume que la pérdida total anual de agua de los sistemas por efecto de las plantas es del orden de 2,5 veces la ET potencial en el lugar, según lo

determinado por los parámetros climáticos.

- El área requerida para el sistema se determina por la cantidad de aguas residuales, la precipitación anual promedio, y la ET potencial en la ubicación del sistema.
- El lecho se encierra por una membrana impermeable y las aguas residuales se distribuyen bajo tierra dentro del sistema con una bomba de nivel controlado.
- En el fondo del lecho se coloca una tubería de drenaje. La tubería se puede usar para vaciar de agua del lecho si se presentan acumulaciones de sal después de algunos años de operación.
- Un tercio o la mitad de los sauces se cosechan cada año para conservarlos en un estado joven y saludable con altas tasas de transpiración.

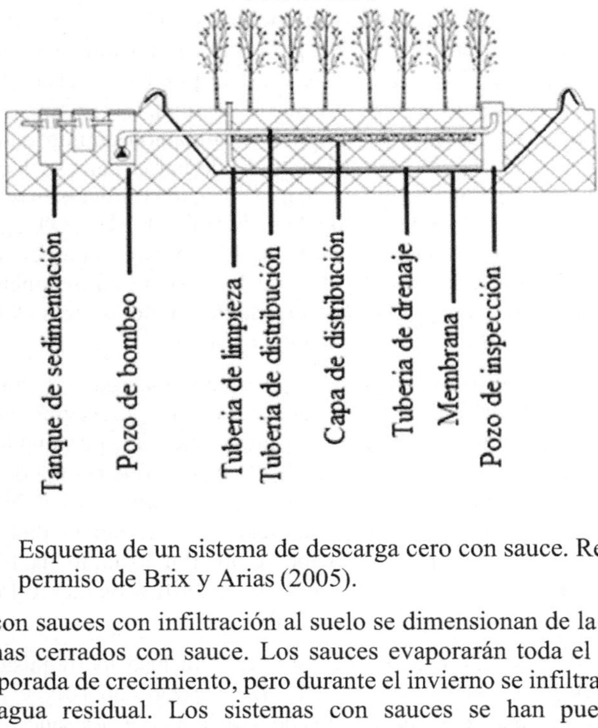

Figure 8.1 Esquema de un sistema de descarga cero con sauce. Reimpreso con permiso de Brix y Arias (2005).

Los sistemas con sauces con infiltración al suelo se dimensionan de la misma forma que los sistemas cerrados con sauce. Los sauces evaporarán toda el agua residual durante la temporada de crecimiento, pero durante el invierno se infiltrará en el suelo, un poco de agua residual. Los sistemas con sauces se han puesto a prueba recientemente en condiciones de clima extremadamente frío en Mongolia con resultados prometedores (Khurelbaatar *et al.*, 2017)

Contrario al sistema danés, el sistema de efluente cero desarrollado en Irlanda, es una combinación entre los humedales para tratamiento y los lechos de sauces (O'Hogain *et al.*, 2010). El sistema irlandés abarca el tratamiento de aguas residuales con humedales de FV y humedales de FH antes de que el agua residual tratada se descargue en un lecho de sauce, que se diseña sin un recubrimiento impermeable. Durante el periodo de investigación de dos años de estudio, no se produjo efluente desde el lecho de sauce (O'Hogain *et al.*,2010).

8.2 HUMEDALES PARA TRATAMIENTO DE FLUJOS DEL VERTEDEROS DE EXCESOS

Los sistemas de alcantarillado combinado se diseñan para transportar la escorrentía superficial de las aguas pluviales además de los flujos de las épocas secas. La planta de tratamiento se diseña para procesar el flujo combinado hasta un máximo predeterminado y, en muchos lugares, las cargas hidráulicas mayores al flujo de diseño se descargan directamente en los cuerpos de agua receptores con un tratamiento mínimo (tamizado, sedimentación), o sin ningún tratamiento. El manejo de los flujos del vertedero de excesos es un desafío para muchas comunidades. Los humedales para tratamiento se consideran como una de las soluciones de infraestructura verde para el tratamiento de los flujos del vertedero de excesos (Meyer *et al.*, 2013; Tao *et al.*, 2014).

Los humedales de flujo vertical son el tipo de humedal preferido para tratar el flujo del vertedero de excesos y son muy utilizados (a menudo combinados con otros tipos de humedales). En Alemania, estos sistemas se han desarrollado y modificado desde 1990 y se publicó una guía nacional de diseño en 2005 (DWA, 2005). Las guías de diseño alemanas se adaptaron recientemente en Francia e Italia (Meyer *et al.*, 2013). Algunos sistemas de humedales para tratamiento de flujos de vertedero de excesos de diferentes configuraciones también se han aplicado en los Estados Unidos (Tao *et al.*, 2014) y en el Reino Unido (Green *et al.*, 1999) desde los años 90. Ávila *et al.* (2013) propuso la combinación de un humedal de FV, un humedal de FH y un humedal de FS en serie para tratar el flujo de los vertederos de excesos en España.

Los objetivos principales de los humedales para tratamiento del flujo del vertedero de excesos son: (1) detención y reducción de flujos máximos, (2) reducción de sólidos suspendidos por filtración y (3) reducción de contaminantes solubles y particulados por adsorción y posterior degradación biológica (Dittmer *et al.*, 2005). Para alcanzar el primer objetivo, se aplican válvulas mariposa para limitar el caudal máximo del efluente y, por lo tanto, la velocidad del flujo en el filtro. Por efecto de la limitación en el flujo del efluente, el agua se acumula sobre el lecho y por lo tanto se requiere de un depósito de retención en la parte superior del filtro del humedal de FV.

Las diferencias fundamentales entre los humedales para aguas residuales exclusivamente y el tratamiento del flujo del vertedero de excesos son el régimen de carga hidráulica y los parámetros de calidad del afluente. En el tratamiento de los flujos del vertedero de excesos, la sucesión de eventos de carga y periodos secos se caracteriza por la naturaleza estocástica de la lluvia y el comportamiento de la escorrentía del área de captación.

Los casos extremos implican una carga permanente durante semanas, por un lado, y varios meses sin eventos de carga, por el otro. Las cargas hidráulicas (caudal/área del filtro) muestra una alta variabilidad con valores medios desde 0,02 mm/s para eventos de lluvia menos intensos, hasta flujos picos de 1 mm/s durante eventos de tormenta intensa.

Los flujos del vertedero de excesos generalmente están menos concentrados que las aguas residuales. La materia orgánica se encuentra predominantemente en forma particulada, la cual puede atribuirse principalmente a la movilización de sedimentos del alcantarillado. Como este efecto está fuertemente relacionado con el caudal, las concentraciones de SST, así como la relación de contaminantes soluto/partículas de lodo activo, son muy variables mientras transcurre un evento de lluvia.

La Figura 8.2 muestra esquemas simplificados para diseños de humedales para tratamiento de flujos del vertedero de excesos en Alemania, Francia e Italia (Meyer *et al.*, 2013). El diseño alemán (Figure 8.2 a) consiste de arena fina (tamaño de grano 0-2 mm, conductividad hidráulica mínima 10^{-4} m/s). El depósito de retención tiene una altura de 1 m. Los flujos de salida del filtro de FV están limitados a 0,01-0,03 L/(m^2·s). El diseño francés (Figura 8.2 b) se basa en los humedales verticales tipo francés, los dos lechos de FV se cargan alternativamente. Durante flujos muy altos (por ejemplo, más de cinco-seis veces el flujo en épocas de secas), el segundo lecho también se carga. El diseño italiano (Figura 8.2 c) se enfoca en el tratamiento de la primera descarga, es decir, los primeros 50 cm de lluvia. Esto da como resultado, lechos de FV más pequeños. Después de que la primera descarga se trata, el flujo del vertedero de excesos se desvía a un humedal de FS.

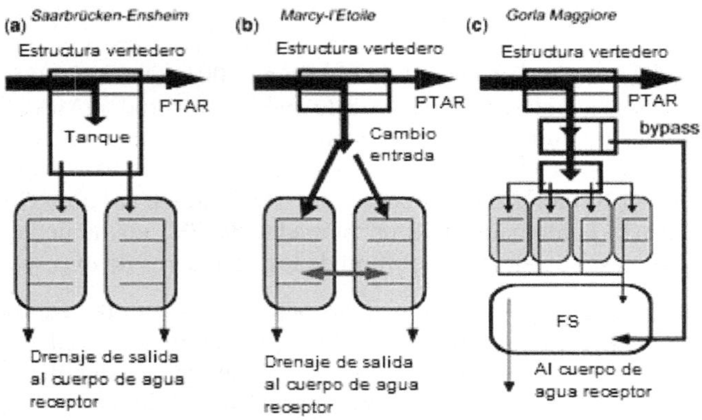

Figure 8.2 Esquema simplificado de humedales para tratamiento de flujos del vertedero de excesos en (a) Alemania, (b) Francia y (c) Italia. Reimpreso con permiso de Meyer *et al.* (2013).

Los principales desafíos para determinar las dimensiones apropiadas son comunes para todos los humedales para tratamiento de flujos del vertedero de excesos: 1) los caudales predichos de vertederos de excesos se derivan de simulaciones numéricas y en consecuencia, son de incertidumbre alta, y 2) la naturaleza estocástica de los eventos pluviales. De acuerdo con Meyer *et al.* (2013), la robustez en los diseños se puede mejorar de algunas formas: ya sea manteniendo una capa permanente de agua como un seguro contra el estrés hídrico, disminuyendo el área superficial del filtro para una mejor distribución de los sedimentos y/o, usando al menos dos lechos de filtros con carga alternantes (para asegurar periodos de descanso y evitar colmataciones). La adición de humedales de FS incrementa los servicios eco sistémicos de biodiversidad y aumenta las actividades recreativas (Liquette *et al.*, 2016; Masi *et al.*, 2017b).

8.3 HUMEDALES PARA TRATAMIENTO DE LODOS

Muchos tipos de tecnologías convencionales de tratamiento de aguas residuales municipales (por ejemplo, lodos activados) producen grandes cantidades de lodo. En general, el lodo se produce de forma líquida durante el tratamiento de las aguas residuales, que típicamente contiene de 0,5 a 5 % de sólidos totales (ST). La producción de lodos per cápita varía según el país y oscila entre 0,1 y 30 kg ST/PE-año. La mayoría de los componentes del lodo generado son orgánicos. Por lo tanto, el contenido de sólidos volátiles (SV) del lodo es bastante alto, generalmente en un rango de 75% a 80% de los ST (von Sperling y Gonçalves, 2007). Además de tratar el lodo activado de desecho, los humedales para tratamiento de lodos son también adecuados para el tratamiento de lodos fecales de pozos negros y lodos de fosas sépticas. Estos sistemas también se conocen como "*lechos de secado plantados*" y "*lechos de mineralización de lodos*" y existe experiencia en países en desarrollo como Tailandia, Camerún, Senegal y Brasil. Las tasas típicas de carga de lodos para lechos de secado plantados son de 200-250 kg ST/m^2·año (Strande *et al.*, 2014).

La descripción proporcionada aquí se refiere sólo a humedales para tratamiento de lodos producto del exceso de lodos en plantas de tratamiento de aguas residuales municipales. Los objetivos principales del tratamiento de lodos son reducir su volumen (aplicando estrategias de desaguado o espesamiento) y disminuir su reactividad (estabilización de lodos). El proceso o tecnología seleccionada para el tratamiento de lodos depende de la reutilización final o de la estrategia de disposición y la cantidad de lodo a tratar. En consecuencia, las estrategias de manejo de lodos más ampliamente aplicadas se basan en un proceso de centrifugación o de filtración (seguido en algunos casos por tratamiento térmico). Sin embargo, las estrategias de desaguado que demandan menos energía, como la evaporación del agua, ET y percolación también se aplican. Las estrategias convencionales de tratamiento de lodos mecanizadas son costosas y requieren mucha energía, lo que puede conducir a la inviabilidad económica en comunidades pequeñas.

Los humedales para tratamiento de lodos (también conocidos como *lechos de juncos de secado de lodos*) consisten en lechos poco profundos rellenos con una capa de grava y plantados con macrófitas emergentes como *Phragmites australis* (junco común). El lodo fresco se esparce y se almacena en la superficie de los lechos donde el agua es eliminada del lodo vía ET. En comparación con las tecnologías de desaguado mecánicas comunes (como la centrifugación), los humedales para tratamiento de lodos tienen bajos requerimientos de energía y menores costos de operación y mantenimiento. A pesar de que no existen guías de diseño estandarizado u operación para los humedales de tratamiento de lodos, existe experiencia a largo plazo (> 20 años) con la tecnología (Nielsen, 2012).

Las instalaciones a gran escala se han diseñado y operado para comunidades que van desde 400 a 125.000 hab-eq dependiendo del país encuestado, y los requisitos de área específicos van desde 1,5 a 4 hab-eq /m^2 (DeMaeseneer, 1997). En la Figura 8.3 se muestra un esquema general de un humedal para tratamiento de lodos.

Los sistemas de humedales para tratamiento de lodos contienen múltiples celdas que operan en paralelo. El lodo se carga por lotes en la superficie de uno de los lechos. Después de cargar una celda por algunos días, el lecho se deja descansar de entre unos días a unas semanas mientras que la siguiente carga se dirige a otra celda, resultando en una serie de periodos de carga y descanso para cada lecho. El periodo de descanso depende de la capacidad de tratamiento, las condiciones climáticas, la antigüedad del sistema, el contenido de materia seca del lodo aplicado y el espesor de la capa de lodo acumulado (Nielsen, 2003). Durante el periodo de descanso, el lodo acumulado en la superficie del lecho se somete a un proceso de secado, que resulta en una delgada capa de material seco que posteriormente se agrieta por el movimiento de los tallos de *Phragmites australis*. Las grietas causadas por las plantas ayudan a inducir el movimiento del aire hacia y dentro de la capa de lodo acumulada (que fomenta la estabilización del lodo), así como también, mantienen la conductividad hidráulica del lodo acumulado. El número real de lechos paralelos por instalación depende de la capacidad de tratamiento de la instalación y puede variar entre 2 y 25 (Nielsen y Willoughby, 2005; Uggetti *et al.*, 2010)

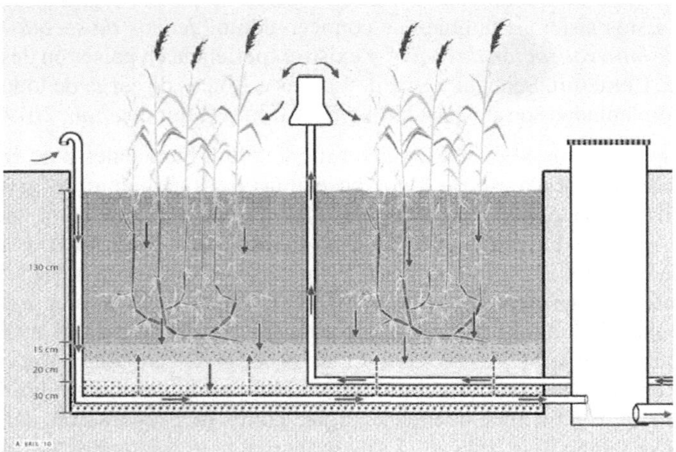

Figura 8.3 Esquema de un humedal para tratamiento de lodos. Reimpreso con permiso de Brix (2017).

Las celdas de tratamiento generalmente son rectangulares y se construyen de concreto o en material compactado de suelo, este último requiere un recubrimiento impermeable para evitar la infiltración. Las celdas se construyen con una inclinación en el fondo del lecho mínima del 1% y cualquier agua, que no sea transpirada por las plantas, se colecta en tuberías perforadas en el fondo de la celda y regresa a la parte inicial de la planta de tratamiento.

Uno de los principales parámetros de operación de los humedales para tratamiento de lodos es la tasa de carga basada en el área. Las tasas máximas de carga están en un rango de 30 a 60 kg ST/m^2 año (Nielsen, 2012). Sin embargo, bajo climas más cálidos como en el de la cuenca del Mediterráneo, se pueden aplicar cargas de hasta 90 kg ST/m^2·año (Stefanakis y Tsihrintzis, 2012a). Las cargas de lodo durante la fase de inicio (que pueden tomar desde algunos meses hasta tres años) deben ser más bajas que estas cargas máximas para ayudar al establecimiento adecuado de las plantas (Nielsen, 2003). El borde libre de la celda también es importante ya que determina la vida útil total del sistema. En consecuencia, la mayoría de los humedales de tratamiento de lodos tienen aproximadamente 2,5 metros de profundidad (0,6 a 0,7 metros del medio filtrante y 1,7 a 1,8 metros para la acumulación de lodos). Se recomienda que el lecho pueda almacenar y tratar al menos 1,0 metro de acumulación de lodo. Asumiendo una tasa de acumulación de aproximadamente 10 cm/año, esto da como resultado un periodo mínimo para el vaciado de 8 a 10 años (Nielsen, 2012).

El contenido de ST del lodo deshidratado está alrededor del 20 a 40%. Esto es comparable a la capacidad de desaguado de las tecnologías convencionales como las centrífugas (20 a 35% de ST), filtros de bandas (15 a 25% de sólidos totales) y filtros de vacío (20 a 35% de sólidos totales). La reducción de SV en los humedales para tratamiento de lodos generalmente varía entre 25 y 30 %, lo que resulta en concentraciones de SV en el lodo estabilizado desde 40 a 50% de SV. La eliminación de los SV depende de la calidad del lodo afluente y, por lo tanto, es mayor para lodos activados y menor para lodos de digestión anaerobia y lodos de tanques sépticos.

8.4 HUMEDALES FLOTANTES

Los humedales flotantes representan un grupo de tecnologías de humedales donde se utiliza una estructura flotante para cultivar macrófitas emergentes en un estanque, lago, río o cuerpo de agua similar. A pesar de que las primeras aplicaciones de humedales flotantes datan de principios de los años 90, el desarrollo e implementación de la tecnología ha crecido rápidamente en las últimas décadas. Los humedales flotantes se prestan para proporcionar beneficios secundarios, como la mejora del hábitat y valores estéticos. Las aplicaciones de los humedales flotantes incluyen:

- Aguas pluviales
- Canales de aguas contaminadas
- Flujos de vertederos de excesos
- Aguas residuales domésticas
- Drenaje ácido de mina
- Efluentes de producción animal
- Resevorios de almacenamiento de agua

Un humedal flotante consiste en vegetación emergente de humedal que crece en una estera o estructura que flota en la superficie de un cuerpo de agua como un estanque (Headley y Tanner, 2012). Los tallos de la planta permanecen principalmente en la superficie de agua, mientras que sus raíces crecen a través de la estructura flotante y cuelgan en la columna de agua (Figure 8.4). Las plantas crecen esencialmente de una manera hidropónica, tomando la mayor parte de su nutrición directamente de la columna de agua. Una red colgante de raíces, rizomas y biopelículas adheridas se forma debajo de la estera flotante, la que proporciona un área superficial biológicamente activa para que ocurran procesos bioquímicos, así como procesos físicos como el filtrado y el atrapamiento de partículas. Así, un objetivo general de diseño es con frecuencia maximizar el contacto entre la red de biopelícula- raíz y el agua contaminada que pasa a través del sistema. La profundidad de penetración de la raíz dependerá en su mayor parte de las especies de plantas utilizadas y las condiciones fisicoquímicas que se desarrollan en la columna de agua debajo de las plantas flotantes.

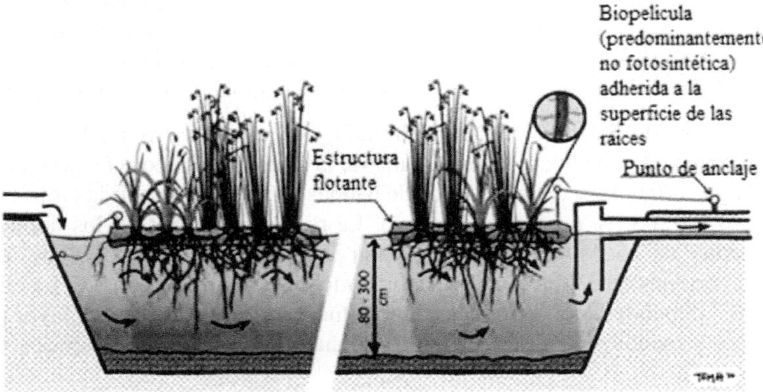

Figura 8.4 Esquema de un sistema típico de humedal flotante. Reimpreso con permiso de Headley y Tanner (2012).

Headley y Tanner (2012) proporcionan una revisión amplia de los datos disponibles de rendimiento de humedales flotantes, incluyendo las tasas de eliminación másicas y las tasas de degradación *k* basadas en el área. Aunque los datos de aplicaciones a gran escala y de largo plazo son algo limitados, los datos a partir de mesocosmos y escala piloto indican que los humedales flotantes pueden mejorar significativamente el rendimiento de los sistemas de lagunas y proporcionar un rendimiento mejor o similar que los humedales de FS para la eliminación de materia orgánica, sólidos suspendidos, nutrientes y metales. Sin embargo, se necesitan más estudios sobre el creciente número de aplicaciones a gran escala, para verificar el rendimiento del tratamiento, y traducir estas observaciones en metodologías de diseño rigurosas.

Los humedales flotantes de origen natural existen en muchas partes del mundo, donde la combinación correcta de factores ha llevado a su desarrollo. Sin embargo, los procesos naturales que llevan a la formación autónoma de grandes esteras auto-flotantes de macrófitas emergentes son relativamente lentos y difíciles de encontrar. Así, los humedales flotantes son típicamente construidos utilizando una balsa flotante o una estructura de estera en la que se plantan macrófitas emergentes adecuados. Estos suelen ser de diseño modular, para que unidades individuales más pequeñas y manejables se unan como se requiera para formar balsas más grandes. Se han utilizado una gama de materiales para crear las balsas flotantes, incluyendo tuberías de bambú o de plástico, y las esteras flotantes de plástico fabricadas específicamente para soportar plantas de humedal en un ambiente lagunar. Las diversas técnicas de construcción varían en costo, durabilidad y efectividad

8.5 HUMEDALES PARA TRATAMIENTO CON CELDAS DE COMBUSTIBLE MICROBIANAS

Las celdas de combustible microbianas (CCM) son sistemas bioelectroquímicos que generan corriente por medio de microorganismos electroquímicamente activos como catalizadores (Logan *et al.*, 2006). En una CCM, los sustratos orgánicos son oxidados por bacterias exoelectrogénicas y los electrones se transfieren al ánodo desde donde fluyen a través de un material conductor y una resistencia a un aceptor de electrones redox superior, como el oxígeno, en el cátodo (Logan *et al.*, 2006). Para que una CCM funcione, debe de haber una fuente de materia orgánica en el ánodo, un aceptor de electrones adecuado en el cátodo, y suficiente gradiente redox (fuerza electromotriz) entre el cátodo y el ánodo. Se puede obtener un gradiente redox entre el ánodo y el cátodo implementando una membrana de intercambio de protones (MIP) entre electrodos (Figura 8.5) o aprovechando los gradientes redox naturales que se encuentran en ambientes acuáticos (como arrozales, estanques y humedales entre otros). Las CCM que operan sin una MIP son generalmente conocidas como CCM bentónicas o sedimentarias. Los compuestos que son oxidados en el ánodo de una CCM son principalmente carbohidratos simples como glucosa o acetato que ya están presentes en el ambiente, o que son obtenidos de la degradación microbiana de sustratos orgánicos complejos como sedimentos orgánicos o aguas residuales (Rabaey y Verstraete, 2005). Las CCM son, por lo tanto, una tecnología para captar energía eléctrica directamente de las aguas residuales (Lefebvre *et al.*, 2011).

Las CCM pueden implementarse en los humedales de FH debido a la abundancia de materia orgánica que hay en el ambiente subsuperficial y la presencia de gradientes redox generados naturalmente entre las capas superiores y las más profundas del lecho de tratamiento (Corbella *et al.*, 2014). La implementación de las CCM en los humedales de FH (llamados humedales de tratamiento de CCM) es muy reciente y la mayor parte del conocimiento proviene de estudios a escala de laboratorios centrados principalmente en la cuantificación de la cantidad de energía que puede ser cosechada (Doherty *et al.*, 2015). Sin embargo, algunos estudios reportan que la implementación de las CCM en los humedales de tratamiento puede proporcionar un mayor grado de tratamiento y también puede ser adecuado para monitorear el rendimiento del tratamiento (Fang *et al.*, 2013) o monitorear la colmatación en los humedales de FH (Corbella *et al.*, 2016a).

La información actualizada disponible sobre la arquitectura celular, materiales y modos de operación de los humedales para tratamiento de CCM es bastante limitada. La Figura 8.6 muestra las estrategias disponibles actualmente para los humedales para tratamiento que operan como CCM de flujo vertical (adaptado por Doherty *et al.*, 2015) y la Figura 8.6 (al fondo), muestra humedales para tratamiento operados como CCM de FH. Los estudios sobre estos aspectos se han publicado recientemente (Yadav *et al.*, 2012; Fang *et al.*, 2013; Liu *et al.*, 2013; Zhao *et al.*, 2013). Los materiales más comunes para electrodos son los materiales a base de grafito (ya sea en forma de barras, gránulos o placas). Sin embargo, un ánodo a base de grava con un colector de electrones de malla metálica ("cátodo") ha demostrado que produce buenos resultados en términos de eficiencia de tratamiento (Corbella y Puigagut, 2015). Para maximizar la producción actual, muchos estudios han incorporado modos de operación poco realistas (como los regímenes de carga de alimentación por pulsos de flujo ascendente) que maximizan el gradiente redox. Por eso, todavía es necesario evaluar el verdadero alcance de la mejora en la eficiencia de tratamiento, resultante de la implementación de la CCM en los humedales para tratamiento

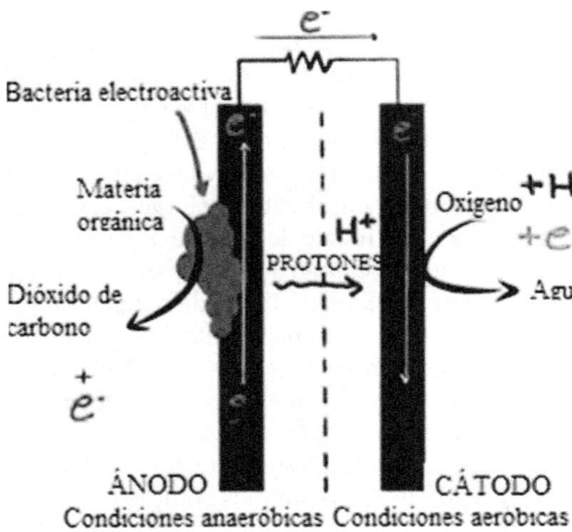

Figure 8.5 Esquema general de una celda de combustible microbiana con una membrana de intercambio de protones.

Uno de los principales objetivos de acoplar una CCM y humedales para tratamiento es generar un exceso de energía, mientras las aguas residuales están siendo tratadas. Los diseños tradicionales de los humedales de tratamiento consumen muy poca energía (<0,1 kWh/m^3) (Kadlec y Wallace, 2009). Los humedales intensificados frecuentemente tienen tasas de consumo de energía ligeramente más altas (0,16 a 0,49 kWh/m^3) (Austin y Nivala, 2009; Kadlec y Wallace, 2009). La producción de energía en los humedales de CCM varía sólo de 2 a 45 mW/m^2, dependiendo del sustrato, los materiales y la configuración aplicada. Como resultado, los humedales de CCM pueden no cubrir ni siquiera el 1% de la energía total requerida para funcionar, por ejemplo, un humedal aireado (Corbella *et al.*, 2016b). Por lo tanto, la implementación de los humedales para tratamiento de CCM no es una estrategia ventajosa en términos de sólo producción de energía.

Los humedales de CCM han demostrado ser más efectivos en la eliminación de materia orgánica que los humedales de FH tradicionales. El mecanismo para esta mejora en la eficiencia del tratamiento no está claro, pero parece estar relacionado con una mayor actividad de biomasa o un proceso de regeneración del sulfato (Li y Yu, 2015). Los humedales de CCM han demostrado ser capaces de eliminar aproximadamente 10% más de DQO que los humedales de FH tradicionales (Fang *et al.*, 2013). También se ha demostrado que los humedales de CCM, a escala de laboratorio, alimentados con aguas residuales domésticas y operados en modo discontinuo no solo aumentan la eliminación de materia orgánica (hasta en un 30 % más alta que los sistemas control), sino también, la eliminación de amonio (aproximadamente 20% más que los sistemas control) y fosfato (cerca de un 50% más de eliminación) (Corbella y Puigagut, 2015). La eliminación mejorada de fósforo parece estar relacionada con la formación de precipitados de fósforo en el cátodo de las CCM, debido a condiciones locales de pH más altos. Sin embargo, la eliminación del fósforo es probablemente a corto plazo y los resultados de los experimentos a escala de laboratorio y piloto pueden estar influenciados por la escala y la duración de los experimentos. Se requiere más investigación para determinar si es posible la eliminación sostenible del fósforo en sistemas a gran escala.

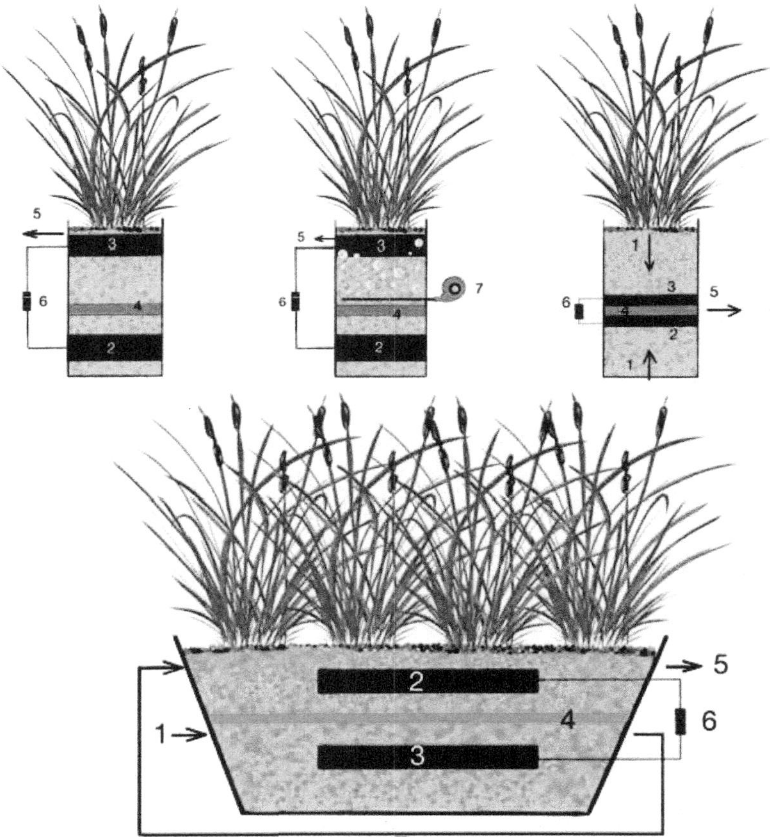

Figure 8.6 Esquemas del diseño más común de humedales construidos a escala de laboratorio que operan como CCM; arriba: modalidad de flujo vertical (arriba/abajo); abajo: modo FH. *Nota*: 1: afluente; 2: ánodo; 3: cátodo; 4: capa de separación; 5:efluente; 6:resistencia externa; 7: aireador. Adaptado de Doherty *et al.* (2015)

9 ASPECTOS ADICIONALES

9.1 Modelos basados en procesos

Durante las últimas décadas, se han desarrollado varios modelos matemáticos para describir la eliminación de contaminantes en los humedales para tratamiento. La mayoría de los modelos publicados hasta la fecha son modelos simples de "caja negra" en los que los datos de las mediciones se utilizan para derivar las ecuaciones del modelo. Los ejemplos de modelos de "caja negra" incluyen:

- Modelos de correlación, que correlacionan la concentración de afluentes y efluentes,
- Ecuaciones de reacción de primer orden, y
- Modelos de correlación más sofisticados, como redes neuronales artificiales y modelos de lógica difusa.

Los primeros dos tipos de modelos se usan típicamente para diseñar humedales de FH y FS (Capítulos 3 y 7). Como los datos experimentales se utilizan para derivar los parámetros del modelo, solo se pueden obtener buenos diseños cuando los parámetros se han determinado a partir de humedales para tratamiento que operan en condiciones similares (condiciones climáticas, composición de aguas residuales, material de filtro poroso, especies de plantas, etc.).

En contraste, las ecuaciones que rigen en los modelos basados en procesos se derivan de los procesos que ocurren en los humedales. Estos tipos de modelos tienen varios grados de complejidad y se basan predominantemente en ecuaciones de equilibrio (por ejemplo, para energía, masa, carga). Por lo tanto, los datos experimentales no son necesarios para derivar las ecuaciones del modelo, sino que se utilizan para la calibración y validación del modelo. Durante la calibración y validación de modelos basados en procesos, los datos experimentales se comparan con los resultados de la simulación.

Para describir los diversos procesos que ocurren en los humedales para tratamiento, se deben considerar varios submodelos diferentes:

- El *modelo de flujo*, que describe el flujo de agua en el humedal para tratamiento es de suma importancia.
- El *modelo de transporte,* que describe el transporte de constituyentes, así como los procesos de adsorción y desorción.
- El *modelo biocinético*, que describe los procesos de transformación y

degradación bioquímica.

- El *modelo de la planta*, que describe procesos como el crecimiento, el decaimiento y la descomposición de las plantas, así como la absorción y liberación de sustancias como nutrientes, carbono orgánico y oxígeno de las raíces.
- El modelo de colmatación, que describe los procesos de colmatación, es decir, el transporte y la deposición de partículas suspendidas y el crecimiento de bacterias y plantas que pueden reducir la capacidad hidráulica o la conductividad del medio filtrante.

Se han desarrollado modelos basados en procesos principalmente para humedales de FH y FV. Los modelos más avanzados disponibles incluyen:

- El HYDRUS Wetland Module (Langergraber y Šimůnek, 2012) implementado en el software de simulación HYDRUS (Šimůnek *et al.*, 2012), y
- BIO_PORE (Samsó y Garcia, 2013) implementado en la plataforma COMSOL Multiphysics™.

Tanto el HYDRUS Wetland Module como BIO_PORE utilizan modelos biocinéticos de múltiples componentes, es decir, CW2D (Langergraber y Simunek, 2005) y/o CWM1 (Langergraber *et al.*, 2009b), respectivamente. La Tabla 9.1 enumera los procesos y componentes descritos por los modelos biocinéticos CW2D y CWM1, así como la aplicación típica de estos modelos. La Tabla 9.2 compara los submodelos implementados en el HYDRUS Wetland Module y BIO_PORE.

Table 9.1 Procesos y componentes descritos (por varios componentes / procesos entre paréntesis) y aplicaciones de los modelos biocinéticos CW2D y CWM1.

Modelo biocinético	**CW2D**	**CWM1**
Procesos	Aerobio y anóxico (9)	Aerobio, anóxico y anaerobio (17)
Componentes	Oxígeno, materia orgánica, nitrógeno y fósforo (12)	Oxígeno, materia orgánica, nitrógeno, y azufre (16)
Tipo de HC	Humedales de FV y Humedales de FH ligeramente cargados	Humedales de FV y de FH

Table 9.2 Comparación de submodelos en el HYDRUS Wetland Module y BIO_PORE.

Herramienta de simulación	**HYDRUS Wetland Module**	**BIO_PORE**
Referencia	Langergraber y Šimůnek (2012)	Samsó *et al.*, (2016)
Modelo de flujo	Ecuación de Richard (flujo variablemente saturado)	Lámina de agua variable (flujo saturado)
Modelo de transporte	Advección, dispersión y adsorción	Advección, dispersión, y adsorción
Modelo biocinético	CW2D + CWM1	CWM1
Influencia de las plantas	ET, absorción y liberación de sustancias	ET, absorción y liberación de sustancia
Modelo de colmatación	No incluido	Incluido

La experiencia con la aplicación de las herramientas de simulación existentes en humedales para tratamiento se puede resumir de la siguiente manera:

- Los modelos basados en procesos son excelentes herramientas para comprender los procesos en los humedales para tratamiento con más detalle, p.e. distribución espacial de bacterias y contaminantes en el filtro, desarrollo de colmatación y respuesta a cargas repentinas (Langergraber y Šimůnek, 2012; Samsó *et al.*, 2016; Langergraber, 2017).
- Los estudios de simulación a menudo sufren de una falta de datos suficientes. Por lo tanto, cuando se utilicen modelos basados en procesos, los experimentos deben planificarse teniendo esto en cuenta. Los requisitos de datos son distintos para los diferentes modelos, pero es esencial una planificación cuidadosa de la frecuencia de muestreo y los parámetros analizados (Meyer *et al.*, 2015).
- Una buena calibración del modelo de flujo de agua es un requisito previo para lograr una buena correspondencia entre las concentraciones de contaminantes medidas y simuladas. Si el modelo de flujo de agua está calibrado, se pueden obtener buenos resultados en la mayoría de las aplicaciones al usar los conjuntos de parámetros estándar de los modelos biocinéticos CW2D y CWM1 (Langergraber y Šimůnek, 2012).
- El fraccionamiento afluente (es decir, el fraccionamiento de DQO afluente y los contenidos de N y P de diferentes fracciones de DQO) tiene un alto impacto en los resultados de la simulación y, por lo tanto, es una parte esencial de la calibración de los modelos de transporte reactivo. Esto es especialmente cierto cuando se simulan HCs que tratan otras aguas diferentes

de las aguas residuales domésticas.

Uno de los principales obstáculos para el uso más amplio de las herramientas de simulación disponibles es que son bastante complicadas y difíciles de usar. Es necesario desarrollar modelos simplificados, pero robustos y confiables para el diseño de HC, como RSF_Sim, que fue desarrollado para apoyar el diseño de HT que tratan a los flujos del vertedero de excesos (Meyer y Dittmer, 2015).

9.2 MICROCONTAMINANTES

A medida que las regulaciones de calidad del agua se vuelven más estrictas, las plantas de tratamiento de aguas residuales se están evaluando para algo más que la simple eliminación de materia orgánica (carbono) y nutrientes (N, P). En los últimos años, la eliminación de otros tipos adicionales de productos químicos se ha convertido en un tema de gran interés. Las plantas de tratamiento de aguas residuales ahora también están siendo evaluadas por su capacidad para eliminar ciertos grupos de productos químicos, incluidos productos farmacéuticos, productos para el cuidado personal, hormonas esteroides, tensoactivos (surfactantes), productos químicos industriales y pesticidas (Tabla 9.3). Estos productos químicos se denominan colectivamente como *micro contaminantes* o *contaminantes orgánicos emergentes*. Hoy en día, estos productos químicos se han definido como sustancias prioritarias en las regulaciones de todo el mundo, p.e. en el Anexo II de la Directiva 2008/105/CE en la UE (Comisión Europea, 2008), en la lista de contaminantes tóxicos y prioritarios en virtud de la Ley de Agua Limpia en los EE. UU. (EPA de EE. UU., 2016) y en las Evaluaciones Químicas Existentes Prioritarias en Australia (NICNAS, 2016), respectivamente.

En las últimas dos décadas, los investigadores han trabajado la presencia de micro contaminantes en las aguas residuales con el fin de descubrir si los diferentes sistemas de tratamiento los eliminan y cómo. Los sistemas de tratamiento de aguas residuales convencionales (principalmente sistemas de Lodos Activados, biorreactores de membrana y procesos de oxidación avanzados en particular) han sido objeto de una gran cantidad de estudios (Verlicchi y Zambello, 2014). Dadas sus diversas propiedades (p. ej., hidrofobicidad y biodegradabilidad) y bajas concentraciones, la eliminación de micro contaminantes en las plantas de tratamiento de aguas residuales actuales es comúnmente variable y a menudo incompleta (Luo *et al.*, 2014).

La experiencia muestra que los humedales de tratamiento, aunque no están diseñados para este propósito específico, pueden eliminar microcontaminantes. Li *et al.* (2014) y Verlicchi y Zambello (2014) revisaron el desempeño de los humedales para tratamiento con respecto a la eliminación de productos farmacéuticos. En general, los sistemas de humedales funcionan bastante bien en comparación con las tecnologías de tratamiento convencionales, principalmente Lodos Activados, para la mayoría de los productos farmacéuticos informados. Entre los diferentes sistemas de humedales, los humedales de FV mostraron el mayor rendimiento de eliminación para la mayoría de las sustancias, seguidos de los humedales de FH, y luego los humedales de FS (Tabla 9.4). Se informó una tendencia similar en una revisión del desempeño de humedales para tratamiento en la eliminación de productos de cuidado personal (Verlicchi *et al.*, 2014).

Table 9.3 Categorías y fuentes principales de micro contaminantes en el medio ambiente acuático. (Luo *et al.*, 2014).

Categoría	**Subcategoría**	**Fuentes principales**
Farmacéuticos	Medicamentos antiinflamatorios no esteroidales, regulador de lípidos, anticonvulsivos, antibióticos, betabloqueantes y estimulantes	Aguas residuales domésticas (desde excretas) Efluentes hospitalarios Escorrentía de las granjas concentradas de alimentación animal y acuicultura
Productos para el cuidado personal	Fragancias, desinfectantes, filtros UV, y repelente de insectos	Aguas residuales domésticas (de bañarse, afeitarse, rociarse, nadar, etc.)
Hormonas esteroidales	Estrógenos	Aguas residuales domésticas (desde excretas) Escorrentía de las granjas concentradas de alimentación animal y acuicultura
Tensoactivos	Tensoactivos no iónicos	Aguas residuales domésticas (de baño, lavandería, lavavajillas, etc.) Aguas residuales industriales (de descargas de limpieza industrial)
Químicos industriales	Plastificantes, retardantes de fuego	Aguas residuales domésticas (por lixiviación del material)
Pesticidas	Insecticidas, herbicidas y fungicidas	Aguas residuales domésticas (por limpieza inadecuada, escorrentía de jardines, césped y carreteras, etc.) Escorrentía agrícola

En general, los humedales para tratamiento eliminan una variedad de micro contaminantes que generalmente están presentes en las aguas residuales domésticas. Para muchas sustancias, los humedales para tratamiento funcionan mejor en comparación con los sistemas de tratamiento convencionales. Esto se debe principalmente a que las biopelículas en los humedales para tratamiento tienen microambientes aerobios-anóxicos-anaerobios coexistentes, y que hay un largo "tiempo de retención de lodos" en comparación con los sistemas convencionales. Ambos factores facilitan la degradación de moléculas orgánicas más complejas, como los microcontaminantes.

Table 9.4 Eficiencias de eliminación (en %) de compuestos farmacéuticos seleccionados en humedales para tratamiento y lodos activados (LA). Datos de Li *et al.* (2014) y Verlicchi y Zambello (2014).

Compuesto farmacéutico		**Tratamiento secundario**				**Tratamiento terciario**		
Grupo	***Sustancia***	**LA**	**FV**	**FH**	**FS**	**FV**	**FH**	**FS**
Analgésico / anti inflamatorio	Diclofenaco	35	63	27	28	79	8	58
	Ibuprofeno	90	85	55	65	69	48	60
	Naproxeno	75	84	60	50	42	14	52
Drogas Psiquiátricas	Carbamazepina	10	25	25	25	26	60	25
Estimulantes	Cafeína	90	95	85	75	n.r.[a]	n.r.[a]	5

[a] n.r. = no reportados

9.3 EVALUACION ECONOMICA

La evaluación económica se basa en dos componentes: los costos de capital (que están relacionados con la adquisición de tierras y la construcción del sistema) y los costos de operación y mantenimiento (que están relacionados con la administración y operación de la planta anualmente). Además, los costos anuales se utilizan para describir el costo por año de poseer, operar y mantener, un activo durante toda su vida útil. Para esto, los valores actuales netos de los costos de capital y los costos de reinversión futuros se calculan y dividen por la vida útil del activo.

La construcción de un sistema de tratamiento basado en humedales generalmente se lleva a cabo utilizando mano de obra y materiales locales. Por lo tanto, es muy difícil generalizar los costos de capital o de operación y mantenimiento, ya que dependen del sitio y pueden variar incluso dentro de la misma área dependiendo de las condiciones del mercado. En general, los costos de capital asociados para la construcción de un humedal para tratamiento están dentro del mismo orden de magnitud que las tecnologías convencionales de tratamiento de aguas residuales, pero los costos de operación y mantenimiento, son mucho más bajos debido a la simplicidad mecánica de los humedales para tratamiento (por ejemplo, menos partes móviles) y el hecho de que los humedales para tratamiento generalmente requieren menos electricidad que otras tecnologías convencionales de tratamiento de aguas residuales.

Costos de capital

Los costos asociados con la construcción del sistema de tratamiento se pueden dividir en costos directos (adquisición de tierras, movimiento de tierras, tuberías y accesorios, bombas, medios filtrantes, revestimiento o impermeabilización y plantas) y costos indirectos (evaluación del sitio, permisos y servicios de puesta en marcha).

- *Adquisición de tierras*. La tecnología de humedales tiene mayores requisitos de superficie que las tecnologías convencionales de tratamiento de aguas residuales, para objetivos de tratamiento comparables. Por lo tanto, la adquisición de tierras es a menudo el mayor costo de capital, especialmente en lugares con altas valoraciones de la tierra, como áreas urbanas altamente desarrolladas.
- *Movimientos de tierras*. La construcción de un humedal para tratamiento requiere excavación y nivelación del sitio para producir celdas de dimensiones apropiadas que estén encerradas por bermas de tierra. Los costos asociados con el movimiento de tierras dependen en gran medida de la topografía del sitio, la calidad del suelo y la disponibilidad de mano de obra y equipo, que depende de las condiciones del mercado local.
- *Materiales de construcción*. El revestimiento o impermeabilización, los medios filtrantes y la mano de obra son los componentes de costo más importantes en la construcción de humedales. Una vez más, los costos de los materiales de construcción son muy específicos del sitio y varían ampliamente. Para el revestimiento, se puede utilizar arcilla o material sintético (polietileno). Cuando se usa una capa de arcilla, los costos dependen de si la arcilla adecuada está disponible cerca del sitio, ya que los costos de transporte son un factor importante. Los materiales sintéticos son mucho más caros de comprar, pero son mucho más fáciles de transportar e instalar. La arena, la grava y las rocas gruesas, son los materiales de filtro más utilizados en los humedales para tratamiento, y las gradaciones de tamaño suelen ser bastante específicas. El costo de estos materiales también depende de la disponibilidad de gradaciones apropiadas en la fuente o si se deben usar tamices específicos, y los costos de transporte, están asociados con la distancia entre la fuente y el sitio del humedal. El costo de materiales adicionales como tuberías, bombas y plantas, son generalmente pequeños en comparación con los costos del revestimiento, los medios filtrantes y la mano de obra en la construcción.
- *Costos indirectos*. Además de los costos directos ya mencionados, también ocurren costos indirectos. Estos incluyen los costos relacionados con la ingeniería, como el diseño conceptual, el dimensionamiento final, la preparación de planes, así como los costos de los contratistas que no son de construcción, como los seguros y la topografía. Los servicios de interventoría (inspección de obra) y la puesta en marcha, así como los costos imprevistos, son costos indirectos que también deben considerarse (Kadlec y Wallace, 2009).

En Europa, los costos de capital de los humedales para tratamiento pequeños (excluyendo los costos de la tierra) están en el mismo rango que las plantas de tratamiento compactas. Esto se debe principalmente a los altos costos de mano de obra, porque se requiere más mano de obra para construir un humedal de tratamiento que, por ejemplo, un reactor secuencial tipo SBR, o un tipo similar de sistema de tratamiento de aguas residuales. Se puede esperar que, en países con menores costos laborales, el costo de capital de un humedal para tratamiento sea más favorable. Sin embargo, esto puede ser contrarrestado por los altos costos del revestimiento (que debe importarse) y/o, los altos costos de arena o grava de buena calidad que no están disponibles localmente y que deben transportarse largas distancias.

Costos de operación y mantenimiento

Los sistemas de humedales tienen intrínsecamente costos muy bajos de Operación y Mantenimiento (O&M). Los principales componentes de costos de O&M incluyen energía para hacer funcionar las bombas (cuando sea necesario), el monitoreo para cumplimiento de normas locales, el mantenimiento de caminos de acceso y bermas, y el reemplazo o reparación de componentes mecánicos. Si el sistema de humedal puede cargarse por gravedad, no se requiere energía externa y, por lo tanto, no se producen costos de bombeo. Los costos para el manejo de la vegetación dependen de elementos como la cosecha y el control de plagas. Las pautas de diseño actuales para los humedales de FV prevén el corte de plantas y la eliminación de basura cada dos o tres años. En general, se requiere menos mano de obra para O&M en los humedales para tratamiento en comparación con otras plantas de tratamiento de aguas residuales. Así, los costos de O&M de los humedales para tratamiento son más bajos que los de otras tecnologías convencionales de tratamiento de aguas residuales.

Los requisitos y costos anuales de O&M, como ejemplo, se dan para un humedal de FV de una sola etapa con un tamaño de diseño de 8 hab-eq para una granja en Austria (costos a 2015):

- 180 € por año para el muestreo y análisis externo que solicitan las autoridades.
- 120 € por año para eliminar el lodo primario del tanque séptico.
- Una hora por mes para muestreo y análisis adicionales (concentración efluente de nitrógeno amoniacal y pH) y verificación visual de las rejas primarias y la cámara de arena (incluida la limpieza si es necesario).
- Cinco horas al año para el mantenimiento de la vegetación, es decir, las plantas de humedales se cortan en otoño, luego se colocan en la superficie del lecho de FV para aislamiento en invierno, y el material vegetal se elimina de la superficie en primavera.

Cabe señalar que todos los humedales eventualmente requerirán la eliminación de los sólidos acumulados. El plazo para esta operación de limpieza o renovación dependerá del diseño del humedal, las cargas aplicadas y el mantenimiento correcto de los procesos aguas arriba y la operación rutinaria del humedal. Los intervalos de reacondicionamiento típicos pueden ser del orden de una década para la mayoría de los sistemas (FV, FV tipo francés de primera etapa y FH terciario), con sistemas más ligeramente cargados del orden de más de 20 años (FH secundario, FS terciario). El diseñador debe considerar las compensaciones en costos de capital y de O&M, para cada escenario individual, ya que los intervalos de restauración más cortos a veces son más económicos, que construir un sistema más grande (Dotro y Chazarenc, 2014).

9.4 EVALUACION AMBIENTAL

El concepto de sostenibilidad ambiental es complicado, pero está vinculado a aspectos económicos, sociales y ambientales. La sostenibilidad se puede definir como

"... *el desarrollo que satisface las necesidades de la generación actual sin comprometer la capacidad de las generaciones futuras para satisfacer sus propias necesidades*" (WCED, 1987).

La evaluación del ciclo de vida (LCA, del inglés *Life Cycle Assesment*) es uno de los métodos más utilizados para la evaluación ambiental. Los principios metodológicos del LCA se basan en la norma ISO 14040 (Organización Internacional de Normalización, 2006). Existen otras evaluaciones ambientales, pero este capítulo considera solo el método LCA. Las diferentes fases de LCA incluyen:

- *Definición y alcance de objetivos*. Descripción de la unidad funcional utilizada, los límites conceptuales, geográficos y temporales del sistema, el tipo y el alcance de los impactos considerados, los datos necesarios para caracterizar el sistema y las limitaciones del estudio.
- *Análisis de inventario*. Recopilación y análisis de datos para cuantificar las entradas y salidas del sistema, correspondientes al uso de recursos (energía y materias primas) y a la descarga de emisiones (aire, agua, suelo) para todo el ciclo de vida del sistema. En la fase de evaluación de impacto, las emisiones catalogadas en el análisis de inventario se traducen en su efecto potencial en el medio ambiente.
- *Evaluación del impacto*. Consiste en: i) selección de categorías de impacto, indicadores de categoría y modelos de caracterización; ii) la etapa de clasificación, donde los parámetros del inventario se ordenan y asignan a categorías de impacto específicas; y iii) medición de impacto.
- *Interpretación*. Consiste en cruzar la información de las fases de inventario y/o evaluación de impacto para producir conclusiones y recomendaciones. En consecuencia, las recomendaciones se producen después de un análisis de sensibilidad del LCA.

9.5 LCA APLICADO A HUMEDALES PARA TRATAMIENTO

Las categorías de impacto generalmente consideradas para el LCA en los humedales para tratamiento incluyen: potencial de acidificación, potencial de calentamiento global, potencial de eutrofización, ecotoxicología acuática de agua dulce, potencial de agotamiento de los recursos abióticos y agotamiento de la capa de ozono (OD). En términos generales, el análisis de LCA sobre la tecnología de humedales se realiza para determinar los aspectos principales de la construcción u operación que afectan a una determinada categoría de impacto, o para determinar si los humedales son una alternativa más sostenible que las tecnologías convencionales de tratamiento de aguas residuales.

El análisis de LCA aplicado a los humedales para tratamiento indica que tanto la construcción (materiales y obras civiles) como la operación son factores importantes que influyen en la mayoría de las categorías de impacto. En consecuencia, la operación y la construcción representan aproximadamente del 30% al 60% del impacto, según la categoría considerada (Flores Rosell, 2015). Los materiales y procesos que tienen la mayor contribución incluyen el consumo de energía, la producción y fabricación de metales y plásticos, la producción de grava triturada y el cloro. Con respecto al potencial de calentamiento global, las emisiones directas muestran un impacto similar al de la operación y la construcción. El tratamiento de lodos produce solo una contribución significativa a la categoría de eutrofización (que representa casi el 50% del impacto). La reutilización del agua (si se aplica) reduce el impacto entre un 25 y un 55% según la categoría considerada (Flores Rosell, 2015).

Los resultados de una comparación general entre los humedales para tratamiento y la tecnología de lodos activados convencional, muestran que la tecnología de lodos activados tiene un impacto de 1,5 a 6 veces mayor que los humedales para tratamiento, dependiendo de la categoría considerada, principalmente debido a los mayores requisitos de energía y reactivos utilizados durante la operación. El LCA realizado en los humedales de FH y FV muestra que, en general, los humedales de FV producen la mitad (o incluso menos) de impactos ambientales que los humedales de FH, principalmente debido a una mejor eficiencia del tratamiento, y porque los humedales de FV son más pequeños y tienen menores emisiones de gases de efecto invernadero (Fuchs *et al.*, 2011).

El LCA que compara los humedales para tratamiento de lodos y las tecnologías convencionales de tratamiento de lodos en comunidades pequeñas (<2,000 hab-eq), muestra que el transporte de lodos produce el mayor impacto de todas las categorías consideradas (Uggetti *et al.*, 2011). Para los humedales aplicados al tratamiento de lodos, donde los lodos se manejan en el sitio, el mayor impacto es causado por las materias primas utilizadas durante la construcción (grava, concreto, etc.). Si el lodo que es deshidratado y estabilizado con humedales para tratamiento de lodo tiene que ser transportado fuera del sitio, el impacto general de los humedales para tratamiento de lodo es equivalente al de las tecnologías convencionales para tratamiento de lodos de base mecánica.

10 REFERENCIAS

Akratos C.S., Tsihrintzis V.A. (2007) Effect of temperature, HRT, vegetation and porous media on removal efficiency of pilot scale horizontal subsurface flow constructed wetlands. Ecological Engineering 29(2):173-191.

Andersson J.L., Kallner Bastviken S., Tonderski K.S. (2005) Free water surface wetlands for wastewater treatment in Sweden- nitrogen and phosphorous removal. Water Science and Technology 51(9):39-46.

Arias L. (2013) PhD Thesis. Vertical flow constructed wetlands for the treatment of wastewater and stormwater from combined sewers. L'Institut National des Sciences Appliquées de Lyon, Civil Engineering. Lyon, France. http://theses.insa-lyon.fr/publication/2013ISAL0102/these.pdf.

Austin D., Nivala J. (2009) Energy requirements for nitrification and biological nitrogen removal in engineered wetlands. Ecological Engineering 35(2):184-192.

Austin D.C. (2006) Influence of cation exchange capacity (CEC) in a tidal flow, flood and drain wastewater treatment wetland. Ecological Engineering 28:35-43.

Ávila C., Salas J.J., Martín I., Aragón C., García J. (2013) Integrated treatment of combined sewer wastewater and stormwater in a hybrid constructed wetland system in southern Spain and its further reuse. Ecological Engineering 50:13-20.

Baptista J.D.C., Donnelly T., Rayne D., Davenport R.J. (2003) Microbial mechanisms of carbon removal in subsurface flow wetlands. Water Science and Technology 48(5):127-134.

Behrends L.L., Houke L., Bailey E., Jansen P., Brown D. (2001) Reciprocating constructed wetlands for treating industrial, municipal, and agricultural wastewater. Water Science and Technology 44(11-12):399-405.

Boog J. (2013) MS Thesis. Effect of the aeration scheme on the treatment performance of intensified treatment wetland systems. TU Bergakademie Freiberg, Freiberg, Germany.

Boog J., Nivala J., Aubron T., Wallace S., van Afferden M., Müller R.A. (2014) Hydraulic characterization and optimization of total nitrogen removal in an aerated vertical subsurface flow treatment wetland. Bioresource Technology 162:166-174.

Boutin C., Prost-Boucle S. (2015) Vertical flow constructed wetlands subject to load variations: an improved design methodology connected to outlet quality objectives. Water Science and Technology 72(5):817-823.

Brisson J., Chazarenc F. (2009) Maximizing pollutant removal in constructed wetlands: Should we pay more attention to macrophyte species selection? Science of the Total Environment 407(13):3923-3930.

Brix H. (1990) Gas exchange through the soil-atmosphere interphase and through dead culms of *Phragmites australis* in a constructed reed bed receiving domestic sewage. Water Research 24(2):259-266.

Brix H. (1994). Constructed wetlands for municipal wastewater treatment in Europe. In: W. J. Mitsch (ed.): *Global Wetlands: Old World and New*, Elsevier, Amsterdam, Netherlands, pp. 325–333.

Brix H. (1997) Do macrophytes play a role in constructed treatment wetlands? Water Science and Technology 35(5):11-17.

Brix H. (2017) Sludge dewatering and mineralization in sludge treatment reed beds. Water 9(3):160-172.

Brix H., Arias C.A. (2005) Danish guidelines for small-scale constructed wetland system for onsite treatment of domestic sewage. Water Science and Technology 51(9):1-9.

Brix H. and Johansen N. H. (2004). Guidelines for the Establishment of Reed Bed Systems up to 30 PE (Retningslinier for etablering af beplantede filteranlæg op til 30 PE). Økologisk Byfornyelse og Spildevandsrensning No.52, Miljøstyrelsen. Miljøministeriet, Copenhagen, Denmark (in Danish).

Butterworth E., Richards A., Vale P., Mansi G., Ranieri E., Dotro G., Jefferson B. (2016) Ammonia removal at four full-scale artificially aerated horizontal flow constructed wetlands. Water 8(9):365-380.

Canga E., Dal Santo S., Pressl A., Borin M., Langergraber G. (2011) Comparison of nitrogen elimination rates of different constructed wetland designs. Water Science and Technology 64(5):1122-1129.

Chernicharo C.A.L. (2007) Volume 4: Anaerobic Reactors. London, UK: IWA Publishing.

Cooper P.F., Job J.D., Green B., Shutes R.B.E. (1996) Reed beds and constructed wetlands for wastewater treatment, 184 pp. plus data diskette. Swindon, UK.

Corbella C., Garcia J., Puigagut J. (2016a) Microbial fuel cells for clogging assessment in constructed wetlands. Science of the Total Environment 569-570:1060-1063.

Corbella C., Garfi M., Puigagut J. (2014) Vertical redox profiles in treatment wetlands as function of hydraulic regime and macrophytes presence: surveying the optimal scenario for microbial fuel cell implementation. Science of the Total Environment 470-471:754-758.

Corbella C., Garfi M., Puigagut J. (2016b) Long-term assessment of best cathode position to maximise microbial fuel cell performance in horizontal subsurface flow constructed wetlands. Science of the Total Environment 563-564:448-455.

Corbella C., Puigagut J. (2015) Microbial fuel cells to improve treatment efficiency in constructed wetlands. In: 6th International Symposium on Wetland Pollutant Dynamics and Control (WETPOL) and Annual Conference of the Constructed Wetland Association (CWA), 13-18 September 2015. Cranfield University: York, UK. pp. 242-243.

CWA Database (2011) Constructed Wetlands Interactive Database. Compiled by the Constructed Wetland Association (CWA). Version 12.02.

Dal Santo S., Canga E., Pressl A., Borin M., Langergraber G. (2010) Investigation of nitrogen removal in a two-stage subsurface vertical flow constructed wetland system using natural zeolite. In: Proceedings of the 12th IWA Specialist Group Conference on

Wetland Systems for Water Pollution Control, 4-8 October 2010. Masi F., Nivala J. eds. IRIDRA S.r.l. and IWA: San Servolo, Venice, Italy. pp. 263- 270.

Davison L., Headley T.R., Pratt K. (2005) Aspects of design, structure and performance and operation of reed beds-eight years' experience in northeastern New South Wales, Australia. Water Science and Technology 51(10):129-138.

DeMaeseneer J.L. (1997) Constructed wetlands for sludge dewatering. Water Science and Technology 35(5):279-286.

Dittmer U., Meyer D., Langergraber G. (2005) Simulation of a subsurface vertical flow constructed wetland for CSO treatment. Water Science and Technology 51(9):225-232.

Doherty L., Zhao Y., Zhao X., Hu Y., Hao X., Xu L., Liu R. (2015) A review of a recently emerged technology: Constructed wetland--Microbial fuel cells. Water Research 85:38-45.

Dotro G., Chazarenc F. (2014) Solids accumulation and clogging. Sustainable Sanitation Practice Journal 18:8-14.

Dotro G., Fort R., Barak J., Mones M., Vale P., Jefferson B. (2015) Long-term performance of constructed wetlands with chemical dosing for phosphorus removal. In: The Role of Natural and Constructed Wetlands in Nutrient Cycling and Retention on the Landscape. (ed) V.J., (ed. Springer Science + Business Media B.V.: Dordrecht, Netherlands. pp. 273-292.

DWA (2005) Empfehlungen für Planung, Konstruktion und Betrieb von Retentionsbodenfilteranlagen zur weitergehenden Regenwasserbehandlung im Misch- und Trennverfahren (*Recommendations for planning, construction and operation of retention soil filters for rainwater treatment in mixed and separated sewer systems)*. Deutsche Vereinigung für Wasserwirtschaft, Abwasser und Abfall

e.V. (DWA): Hennef, Germany.

DWA (2017) Grundsätze für Bemessung, Bau und Betrieb von Kläranlagen mit bepflanzten und unbepflanzten Filtern zur Reinigung häuslichen und kommunalen Abwassers, in German. (*Principles of design, construction and operation of planted and unplanted filters for treatment of domestic wastewater*). Deutsche Vereinigung für Wasserwirtschaft, Abwasser und Abfall e.V. (DWA): Hennef, Germany.

Environmental Protection Agency Ireland (2010) Code of Practice: Wastewater treatment and disposal systems serving single households (PE less than or equal to 10).

European Commission (2008) Priority Substances and Certain Other Pollutants according to Annex II of Directive 2008/105/EC. Last accessed 13 July 2016: http://ec.europa.eu/environment/water/water-framework/priority_substances.htm.

Fan J., Liang S., Zhang B., Zhang J. (2013) Enhanced organics and nitrogen removal in batch-operated vertical flow constructed wetlands by combination of intermittent aeration and step feeding strategy. Environ Sci Pollut Res Int 20(4):2448-2455.

Fang Z., Song H.L., Cang N., Li X.N. (2013) Performance of microbial fuel cell coupled constructed wetland system for decolorization of azo dye and bioelectricity generation. Bioresource Technology 144:165-171

Flores Rosell L. (2015) MS Thesis. Life Cycle Assessment of a constructed wetland system for wastewater treatment and reuse in Nagpur, India. Universitat Politècnica de Catalunya Barcelona, Department of Hydraulic, Maritime and Environmental Engineering. Barcelona, Spain.

Flyckt L. (2010) MS Thesis. Treatment results in Swedish Free water surface wetlands, operational experiences and their cost-efficiency for wastewater treatment, in Swedish. LITH-IFM-A-EX--10/2377-SE, IFM Biology, Linkoping University.

Foladori P., Ruaben J., Ortigara A.R. (2013) Recirculation or artificial aeration in vertical flow constructed wetlands: a comparative study for treating high load wastewater. Bioresource Technology 149:398-405.

Foladori P., Ruaben J., Ortigara A.R.C., Andreottola G. (2014) Batch feed and intermittent recirculation to increase removed loads in a vertical subsurface flow filter. Ecological Engineering 70:124-132.

Freeze R.A., Cherry J.A. (1979) Groundwater. Englewood Cliffs, New Jersey: Prentice-Hall.

Fuchs V.J., Mihelcic J.R., Gierke J.S. (2011) Life cycle assessment of vertical and horizontal flow constructed wetlands for wastewater treatment considering nitrogen and carbon greenhouse gas emissions. Water Research 45(5):2073-2081.

García J., Aguirre P., Mujeriego R., Huang Y., Oritz L., Bayona J.M. (2004) Initial contaminant removal performance factors in horizontal flow reed beds used for treating urban wastewater. Water Research 38:1669-1678.

García J., Corzo A. (2008) Purification with constructed wetlands: A practical guide to design, construction, and operating subsurface flow wetland systems. (*In Spanish: Depuración con Humedales Construidos: Guía Práctica de Diseño, Construcción y Explotación de Sistemas de Humedales de Flujo Subsuperficial).* Barcelona, Spain: Universitat Politècnica de Catalunya.

Garcia J., Rousseau D., Morato J., Lesage E.L.S., Matamoros V., Bayona J. (2010) Contaminant Removal Processes in Subsurface-Flow Constructed Wetlands: A Review. Critical Reviews in Environmental Science and Technology 40(7):561-661.

Green M., Friedler E., Ruskol Y., Safrai I. (1997) Investigation of alternative method for nitrification in constructed wetlands. Water Science and Technology 35(5):63-70.

Green M.B., Martin J.R., Griffin P. (1999) Treatment of combined sewer overflows at small wastewater treatment works by constructed reed beds. Water Science and Technology 40(3):357-364.

Gregersen P., Gabriel S., Brix H. and Faldager I. (2003) Guidelines for Willow Systems up to 30 PE. Økologisk Byfornyelse og Spildevandsrensning No.25, Miljøstyrelsen. Miljøministeriet, Copenhagen, Denmark (in Danish).

Griffin P., Wilson L., Cooper D. (2008) Changes in the use, operation and design of sub-surface flow constructed wetlands in a major UK water utility. In: Proceedings of the 11th International Conference on Wetland Systems for Water Pollution Control, 1-7 November 2008. Billore S.K., Dass P., Vymazal J. eds. Vikram University and IWA: Indore, India. pp. 419-426.

Haberl R., Grego S., Langergraber G., Kadlec R.H., Cicalini A.-R., Dias S.M., Navais J.M., Subert S., Gerth A., Thomas H., Hebner A. (2003) Constructed wetlands for the treatment of organic pollutants. Journal of Soils and Sediments 3(2):109-124.

Headley T.R., Tanner C.C. (2012) Constructed wetlands with floating emergent macrophytes: an innovative stormwater treatment technology. Critical Reviews in Environmental Science and Technology 42:2261-2310.

Higgins J.P. (2003) The use of engineered wetlands to treat recalcitrant wastewaters. In: Constructed Wetlands for Wastewater Treatment in Cold Climates. Mander Ü., Jenssen P., eds). WIT Press: Southampton, United Kingdom. pp. 137-160.

Hoffmann H., Platzer C., Winker M., von Muench E. (2011) Technology review of constructed wetlands: Subsurface flow constructed weltands for greywater and domestic wastewater treatment. http://www.susana.org/en/resources/library/details/930, last accessed 25 May 2017. Deutsche Gesellschaft für Internationale Zusammenarbeit (GIZ): Eschborn, Germany.

ISO 14040 (2006): Environmental management – Life cycle assessment – Principles and framework. International Organization for Standardization, Technical Committee: ISO/TC 207/SC 5 Life cycle assessment, https://www.iso.org/obp/ui/#iso:std:iso:14040: ed-2:v1:en (accessed 13 August 2017).

Jenssen P.D., Krogstad T., Paruch A.M., Mæhlum T., Adam K., Arias C.A., Heistad A., Jonsson L., Hellström D., Brix H. (2010) Filter bed systems treating domestic wastewater in the Nordic countries – Performance and reuse of filter media. Ecological Engineering 36(12):1651-1659.

Kadlec R.H. (2000) The inadequacy of first-order treatment wetland models. Ecological Engineering 15:105-120.

Kadlec R.H., Knight R.L. (1996) Treatment Wetlands, First Edition. Boca Raton, Florida: CRC Press.

Kadlec R.H., Wallace S.D. (2009) Treatment Wetlands, Second Edition. Boca Raton, Florida: CRC Press.

Khurelbaatar G., Sullivan C., van Afferden M., Rahman K.Z., Fühner C., Gerel O., Londong J., Müller R.A. (2017) Application of primary treated wastewater to short rotation coppice of willow and poplar in Mongolia: Influence of plants on treatment performance. Ecological Engineering 98:82-90.

Knowles P., Dotro G., Nivala J., García J. (2011) Clogging in subsurface-flow treatment wetlands: Occurrence and contributing factors. Ecological Engineering 37(2):99-112.

Knowles P.R., Davies P.A. (2009) A method for the in-situ determination of the hydraulic conductivity of gravels as used in constructed wetlands for wastewater treatment. Desalination and Water Treatment 1(5):257-266.

Knowles P.R., Griffin P., Davies P.A. (2010) Complementary methods to investigate the development of clogging within a horizontal sub-surface flow tertiary treatment wetland. Water Research 44(1):320-330.

Kuschk P., Wießner A., Kappelmeyer U., Weißrodt E., Kästner M., Stottmeister U. (2003) Annual cycle of nitrogen removal by a pilot-scale subsurface horizontal flow in a constructed wetland under moderate climate. Water Research 37:4236-4242.

Laber J., Perfler R., Haberl R. (1997) Two strategies for advanced nitrogen removal in vertical flow constructed wetlands. Water Science and Technology 35(5):71-77.

Langergraber G. (2017) Applying process-based models for subsurface flow treatment wetlands: Recent developments and challenges. Water 9(5):1-18.

Langergraber G., Haberl R. (2001) Constructed wetlands for water treatment. Minerva Biotechnologica 13(2):123-134.

Langergraber G., Leroch K., Pressl A., Rohrhofer R., Haberl L. (2009a) Experiences with a top layer of gravel to enhance the performance of vertical flow constructed wetlands at cold temperatures. Water Science and Technology 59(6):1111-1116.

Langergraber G., Prandtstetten C., Pressl A., Haberl R., Rohrhofer R. (2007) Removal efficiency of subsurface vertical flow constructed wetlands for different organic loads. Water Science and Technology 56(3):75-84.

Langergraber G., Pressl A., Leroch K., Rohrhofer R., Haberl R. (2011) Long-term behaviour of a two-stage CW system regarding nitrogen removal. Water Science and Technology 64(5):1137-1141.

Langergraber G., Rousseau D.P.L., García J., Mena J. (2009b) CWM1: a general model to describe biokinetic processes in subsurface flow constructed wetlands. Water Science and Technology 59(9):1687-1697.

Langergraber G., Simunek J. (2005) Modeling variably saturated water flow and multi-component reactive transport in constructed wetlands. Vadose Zone Journal 4:924-938.

Langergraber G., Šimůnek J. (2012) Reactive transport modelling of subsurface flow constructed wetlands using the HYDRUS wetland module. Vadose Zone Journal 11(2):14 pages.

Langergraber G., Sleytr K., Haberl R., Lindner G. and Zibuschka F. (2004). Experiences on using mineral wool as a drainage layer for vertical flow constructed wetlands. In: Proceedings of the 9th International Conference on Wetland Systems for Water Pollution Control, 26–30 September 2004, Lienard, A., Burnett, H. (eds), Avignon, France, pp. Paper No. PC3VF02 (CD-ROM).

Lauschmann R.E., Lechner M., Ertl T., Langergraber G. (2013) Experiences with pre-precipitation of phosphorus in a vertical flow constructed wetland in Austria. Water Science and Technology 67:2337-2341.

Lefebvre O., Uzabiaga A., Chang I.S., Kim B.-H., Ng H.Y. (2011) Microbial fuel cells for energy self-sufficient domestic wastewater treatment—a review and discussion from energetic consideration. Applied Microbiology and Biotechnology 89(2):259- 270.

Li H.Z., Wang S., Ye J.F., Xu Z.X., Jin W. (2011) A practical method for the restoration of clogged rural vertical subsurface flow constructed wetlands for domestic wastewater treatment using earthworm. Water Science and Technology 63(2):283- 290.

Li W.W., Yu H.Q. (2015) Stimulating sediment bioremediation with benthic microbial fuel cells. Biotechnology Advances 33(1):1-12.

Li Y., Zhu G., Ng W.J., Tan S.K. (2014) A review on removing pharmaceutical contaminants from wastewater by constructed wetlands: design, performance and mechanism. Science of the Total Environment 468-469:908-932.

Liénard A., Guellaf H., Boutin C. (2001) Choice of sand for filters used for secondary treatment of wastewater. Water Science and Technology 44(2-3):189-196.

Liquette C., Udias A., Conte G., Grizzetti B., Masi F. (2016) Integrated valuation of a nature-based solution for water pollution control. Highlighting hidden benefits. Ecosystem Services 22B(392-401).

Liu S., Song H., Li X., Yang F. (2013) Power generation enhancement by utilizing plant photosynthate in microbial fuel cell coupled constructed wetland system. International Journal of Photoenergy 2013:1-10.

Logan B.E., Hamelers B., Rozendal R., Schröder U., Keller J., Freguia S., Aelterman P., Verstraete W., Rabaey K. (2006) Microbial Fuel Cells: Methodology and Technology. Environmental Science and Technology 40(17):5181-5192.

Luo Y., Guo W., Ngo H.H., Nghiem L.D., Hai F.I., Zhang J., Liang S., Wang X.C. (2014) A review on the occurrence of micropollutants in the aquatic environment and their fate and removal during wastewater treatment. Science of the Total Environment 473-474:619-641.

Iwema A., Raby D., Lesarve J., Boutin C., Dodane P.-H., Liénard A., Molle P., Beck C., Sadowski G.A., Merlin G., Dap S., Ohresser C., Poulet J.-B., Reeb G., Werckmann M., and Esser D. (2005, eds): *Épuration des eaux usées domestiques par filtres plantes de macrophytes: Recommandations techniques pour la conception et la réalisation* (Treatment of domestic wastewater with planted filters: technical recommendations for design and realization). Groupe Français "Macrophytes et Traitement des Eaux" and Agence de l'Eau Rhône Méditerranée et Corse, et Rhin Meuse, France (In French). Available .... online: https://epnac.irstea.fr/wp-content/uploads/2012/08/Guide- Macrophytes.pdf.

Maltais-Landry G., Maranger R., Brisson J. (2009) Effect of artificial aeration and macrophyte species on nitrogen cycling and gas flux in constructed wetlands. Ecological Engineering 35(2):221-229.

Masi F., Bresciani R., Martinuzzi N. and Rizzo A.C.L. (2017a) Large scale application of French Reed Beds: municipal wastewater treatment for a 20,000 inhabitant's town in Moldova. Water Science and Technology, 76(1):134-146.

Masi F., Rizzo A.C.L., Bresciani R., Conte G. (2017b) Constructed wetlands for combined sewer overflow treatment: Ecosystem services at Gorla Maggiore, Italy. Ecological Engineering 98:427-438.

Matos M.P., Barreto A.B., Vasconcellos G.R., Matos A.T., Simões G.F., von Sperling M. (2017) Difficulties and modifications in the use of available methods for hydraulic conductivity measurements in highly clogged horizontal subsurface flow constructed wetlands. Water Science and Technology. doi: 10.2166/wst.2017.340.

McCuen R.H. (2016) Hydrologic Analysis and Design, Fourth Edition. Englewood Cliffs, New Jersey: Prentice Hall.

Mercoiret L. (2010). Qualité des eaux usées domestiques produites par les petites collectivités – Application aux agglomérations d'assainissement inférieures à 2 000 Equivalent Habitants. ONEMA and Cemagref. Lyon, France.

Meyer D., Chazarenc F., Claveau-Mallet D., Dittmer U., Forquet N., Molle P., Morvannou A., Pálfy T., Petitjean A., Rizzo A., Samsó Campà R., Scholz M., Soric A., Langergraber G. (2015) Modelling constructed wetlands: Scopes and aims – a comparative review. Ecological Engineering 80:205-213.

Meyer D., Dittmer U. (2015) RSF_Sim – A simulation tool to support the design of constructed wetlands for combined sewer overflow treatment. Ecological Engineering 80:198-204.

Meyer D., Molle P., Esser D., Troesch S., Masi F., Dittmer U. (2013) Constructed Wetlands for Combined Sewer Overflow Treatment – Comparison of German, French and Italian Approaches. Water 5:1-12.

Millot Y., Troesch S., Esser D., Molle P., Morvannou A., Gourdon R., Rousseau D. (2016) Design improvements for high ammonium removal by one-stage vertical flow constructed wetlands. Ecological Engineering 97:516-523.

Mitterer-Reichmann G.M. (2012) Treatment wetlands in Austria: Practical experiences in planning, construction and maintenance. Sustainable Sanitation Practice Journal 12:4-8.

Molle P., Liénard A., Boutin C., Merlin G., Iwema A. (2005) How to treat raw sewage with constructed wetlands: an overview of the French systems. Water Science and Technology 51(9):11-21.

Molle P., Liénard A., Grasmick A., Iwema A. (2006) Effect of reeds and feeding operations on hydraulic behaviour of vertical flow constructed wetlands under hydraulic overloads. Water Research 40(3):606-612.

Molle P., Lombard Latune R., Riegel C., Lacombe G., Esser D., Mangeot L. (2015) French vertical flow constructed wetland design: Adaptations for tropical climates. Water Science and Technology 71(10):1516-1523.

Morvannou A., Choubert J.-M., Vanclooster M., Molle P. (2014) Modeling nitrogen removal in a vertical flow constructed wetland treating directly domestic wastewater. Ecological Engineering 70:379-386.

Murphy C., Cooper D. (2011) An investigation into contaminant removal in an aerated saturated vertical flow constructed wetland treating septic tank effluent. In: Joint Meeting of Society of Wetland Scientists, WETPOL, and Wetlands Biogeochemistry, 3-8 July 2011. Vymazal J. (ed. Czech University of Life Sciences: Prague, Czech Republic. pp. 224.

Murphy C., Cooper D., Williams E. (2009) Reed bed refurbishment: A sustainable approach. 3rd International Symposium on Wetland Pollutant Dynamics and Control (WETPOL), 20-24 September 2009:193-194.

Murphy C., Wallace S., Cooper D. (2012) Treatment performance of two aerated saturated vertical flow constructed wetlands treating settled sewage. In: Proceedings of the 13th IWA Specialist Group Conference on Wetland Systems for Water Pollution Control, 25-29 November 2012. Mathew K., Dallas S. eds. Murdoch University, AWA and IWA: Perth, Australia, pp. 60.

Murphy C., Rajabzadeh A.R., Weber K.P., Nivala J., Wallace S.D., Cooper D.J. (2016) Nitrification cessation and recovery in an aerated saturated vertical subsurface flow treatment wetland: Field studies and microscale biofilm modeling. Bioresour Technol 209:125-132.

Murphy C., Wallace S., Knight R., Cooper D. and Sellers T. (2014). Treatment performance of an aerated constructed wetland treating glycol from de-icing operations at a UK airport. *Ecological Engineering*, 80, 117-124

NICNAS (2016) Priority Existing Chemical (PEC) Assessments https://www.nicnas.gov.au/chemical-information/pec-assessments (accessed 13 July 2016). National Industrial Chemical Notification and Assessment Scheme (NICNAS): Australia.

Nielsen S. (2012) Sludge Treatment in Reed Beds Systems – Development, design, experiences. Sustainable Sanitation Practice Journal 12:33-39.

Nielsen S., Willoughby N. (2005) Sludge treatment and drying reed bed systems in Denmark. Water and Environment Journal 19(4):296-305.

Nielsen S.M. (2003) Sludge drying reed beds. Water Science and Technology 48(5):101-109.

Nivala J. (2012) PhD Thesis. Effect of design on treatment performance, plant nutrition and clogging in subsurface flow treatment wetlands. Aarhus University, Department of Bioscience. Aarhus, Denmark.

Nivala J., Hoos M., Cross C., Wallace S., Parkin G. (2007) Treatment of landfill leachate using an aerated, horizontal subsurface-flow constructed wetland. Science of the Total Environment 380(1-3):19-27.

Nivala J., Knowles P., Dotro G., Garcia J., Wallace S. (2012) Clogging in subsurface-flow treatment wetlands: measurement, modeling and management. Water Research 46(6):1625-1640.

Nivala J., Murphy C., Troesch S., Wallace S. and Esser D. (2014). Intensified and modified wetland designs. *Sustainable Sanitation Practice Journal*, 18, 15–20.

Nivala J., Rousseau D.P.L. (2009) Reversing clogging in subsurface-flow constructed wetlands by hydrogen peroxide treatment: Two case studies. Water Science and Technology 59(10):2037-2046.

Nivala J., Wallace S., Headley T., Kassa K., Brix H., van Afferden M., Müller R. (2013) Oxygen transfer and consumption in subsurface flow treatment wetlands. Ecological Engineering 61:544-554.

O'Hogain S., McCarton L., Reid A., Turner J. (2010) A review of zero discharge wastewater treatment systems using reed willow bed combinations in Ireland. In: Proceedings of the 12th IWA Specialist Group Conference on Wetland Systems for Water Pollution Control, 4-8 October 2010. Masi F., Nivala J. eds. IRIDRA S.r.l. and IWA: San Servolo, Venice, Italy. pp. 755-762.

ÖNORM (2009) ÖNORM B 2505: Bepflanzte Bodenfilter (Pflanzenkläranlagen) - Anwendung, Bemessung, Bau und Betrieb (Subsurface flow constructed wetlands - Application, dimensioning, installation, and operation) [*in German*]. Österreichisches Normungsinstitut: Vienna, Austria.

Ouellet-Plamondon C., Chazarenc F., Comeau Y., Brisson J. (2006) Artificial aeration to increase pollutant removal efficiency of constructed wetlands in cold climate. Ecological Engineering 27:258-264.

Paing J., Guilbert A., Gagnon V., Chazarenc F. (2015) Effect of climate, wastewater composition, loading rates, system age and design on performances of French vertical flow constructed wetlands: A survey based on 169 full scale systems. Ecological Engineering 80:46-52.

Platzer C. (1999) Design recommendations for subsurface flow constructed wetlands for nitrification and denitrification. Water Science and Technology 40(3):257-264.

Platzer C., Hoffmann H., Miglio R.M. (2016) Long term experiences with dimensioning and operation of vertical flow constructed wetlands in warm climate regions of South America. In. International Water Association (IWA): Gdansk, Poland. pp. 868-887.

Prigent S., Paing J., Andres Y., Chazarenc F. (2013) Effects of a saturated layer and recirculation on nitrogen treatment performances of a single stage vertical flow constructed wetland (VFCW). Water Science and Technology 68(7):1461-1467.

Prost-Boucle S., Garcia O., Molle P. (2015) French vertical-flow constructed wetlands in mountain areas: How do cold temperatures impact performances? Water Science and Technology 71(8):1219-1228

Prost-Boucle S., Molle P. (2012) Recirculation on a single stage of vertical flow constructed wetland: Treatment limites and operation modes. Ecological Engineering 43:81-84.

Rabaey K., Verstraete W. (2005) Microbial fuel cells: novel biotechnology for energy generation. Trends in Biotechnology 23(6):291-298.

Rani H.C.R., Din M.F.M., Yusof B.M., Chelliapan S. (2011) Overview of subsurface constructed wetlands in tropical climates. Universal Journal of Environmental Research and Technology 1(2):103-114.

Rousseau D.P.L., Vanrolleghem P.A., De Pauw N. (2004) Model-based design of horizontal subsurface flow constructed treatment wetlands: A review. Water Research 38:1484-1493.

Samsó R., Garcia J. (2013) BIO_PORE, a mathematical model to simulate biofilm growth and water quality improvement in porous media: Application and calibration for constructed wetlands. Ecological Engineering 54:116-127.

Samsó R., Garcia J., Molle P., Forquet N. (2016) Modelling bioclogging in variably saturated porous media and the interaction between surface/subsurface flows: Application to Constructed Wetlands. Journal of Environmental Management 165: 271-279.

Sherard J., Dunningan L., Talbot J. (1984) Basic properties of sand and gravel filters. Journal of Geotechnical Engineering Division, ASCE 110(6):684-700.

Stefanakis A., Akratos C.S., Tsihrintzis V.A. (2014) Vertical Flow Constructed Wetlands: Eco-engineering Systems for Wastewater and Sludge Treatment. Waltham, MA, USA: Elsevier.

Stefanakis A., Tsihrintzis V. (2012a) Effect of various design and operation parameters on performance of pilot-scale sludge drying reed beds. Ecological Engineering 38:65-78.

Stefanakis A.I., Tsihrintzis V.A. (2009) Effect of outlet water level raising and effluent recirculation on removal efficiency of pilot-scale, horizontal subsurface flow constructed wetlands. Desalination 248(1-3):961-976.

Stefanakis A.I., Tsihrintzis V.A. (2012b) Use of zeolite and bauxite as filter media treating the effluent of Vertical Flow Constructed Wetlands. Microporous and Mesoporous Materials 155:106-116.

Stein O.R., Borden-Stewart D.J., Hook P.B. and Jones W.L. (2007a) Seasonal Influence on Sulfate Reduction and Metal Sequestration in Sub-surface Wetlands. Water Research. 41(15):3440-3448.

Stein O.R., Towler B.W., Hook P.B., Biederman J.A. (2007b) On fitting the k-C* first order model to batch loaded sub-surface treatment wetlands. Water Science and Technology 56(3):93-99.

Strande L., Ronteltap M., Brdjanovic D. (2014) Faecal Sludge Management (FSM) Book - Systems Approach for Implementation and Operation: IWA, UK.

Sun G., Gray K.R., Biddlestone A.J., Cooper D.J. (1999) Treatment of agricultural wastewater in a combined tidal flow: Downflow reed bed system. Water Science and Technology 40(3):139-146.

Tanner C.C., D'Eugenio J., McBride G.B., Sukias J.P.S., Thompson K. (1999) Effect of water level fluctuation on nitrogen removal from constructed wetland mesocosms. Ecological Engineering 12(1-2):67-92.

Tanner C.C., Kadlec R.H. (2003) Oxygen flux implications of observed nitrogen removal rates in subsurface-flow treatment wetlands. Water Science and Technology 48(5):191-198.

Tao W., Bays J.S., Meyer D., Smardon R.C., Levy Z.F. (2014) Constructed Wetlands for Treatment of Combined Sewer Overflow in the US: A Review of Design Challenges and Application Status. Water 6:3362-3385.

Taylor C.R., Hook P.B., Stein O.R., Zabinski C.A. (2011) Seasonal effects of 19 plant species on COD removal in subsurface treatment wetland microcosms. Ecological Engineering 37(5):703-710.

Teixeira E.C., Siqueira R.d.N. (2008) Performance assessment of hydraulic efficiency indexes. Journal of Environmental Engineering 134(10):851-859.

Torrens A., Molle P., Boutin C., Salgot M. (2009) Impact of design and operation variables on the performance of vertical-flow constructed wetlands and intermittent sand filters treating pond effluent. Water Research 43(7):1851-1858.

Troesch S., Esser D. (2012) Constructed wetlands for the treatment of raw wastewater: The French experience. Sustainable Sanitation Practice Journal 12:9-15.

U.S. EPA (2000) Guiding principles for constructed treatment wetlands: Providing water quality and wildlife habitat. U.S. EPA Office of Wetlands, Oceans, and Watersheds.

U.S. EPA (2016) Toxic and Priority Pollutants Under the Clean Water Act. in: Agency U.S.E.P., ed. https://wwwepagov/eg/toxic-and-priority-pollutants-under-clean-water-act (accessed 13 July 2016).

Uggetti E., Ferrer I., Llorens E., García J. (2010) Sludge treatment wetlands: A review on the state of the art. Bioresource Technology 101(9):2905-2912.

Uggetti E., Ferrer I., Molist J., García J. (2011) Technical, economic and environmental assessment of sludge treatment wetlands. Water Research 45(2):573-582.

van Oirschot D., Wallace S.D., van Deun R. (2015) Wastewater treatment in a compact intensified wetland system at the Badboot: a floating swimming pool in Belgium. Environmental Science and Pollution Research 22(17):12870-12878.

Verlicchi P., Zambello E. (2014) How efficient are constructed wetlands in removing pharmaceuticals from untreated and treated urban wastewaters? A review. Science of the Total Environment 470-471:1281-1306.

Verlicchi P., Zambello E. and Al Aukidy M. (2014). Removal of personal care products in constructed wetlands. In: Personal Care Products in the Aquatic Environment, M. S. Díaz-Cruz and D. Barceló (eds), Springer International Publishing Switzerland, pp. 319–354.

Vohla C., Kõiv M., Bavor H.J., Chazarenc F., Mander Ü. (2011) Filter materials for phosphorus removal from wastewater in treatment wetlands—A review. Ecological Engineering 37(1):70-89.

von Sperling M. (2007a) Volume 1: Wastewater Characteristics, Treatment, and Disposal. London, UK: IWA Publishing.

von Sperling M. (2007b) Volume 2: Basic Principles of Wastewater Treatment. London, UK: IWA Publishing.

von Sperling M. (2007c) Volume 3: Waste Stabilisation Ponds. London, UK: IWA Publishing.

von Sperling M. (2007d) Volume 5: Activated Sludge and Aerobic Biofilm Reactors. London, UK: IWA Publishing.

von Sperling M. and Gonçalves R. F. (2007). Sludge characteristics and production. In: Sludge Treatment and Disposal, V. A. Cleverson, M. von Sperling, and F. Fernandes (eds), Biological Wastewater Treatment Series Volume 6, IWA Publishing, London, UK, pp.4-30.

Vymazal J. (1996) The use of subsurface flow constructed wetlands for wastewater treatment in the Czech Republic. Ecological Engineering 7:1-14.

Vymazal J. (1998). Czech Republic. In: J. Vymazal, H. Brix, P. F. Cooper, M. B. Green, and R. Haberl (eds), Constructed Wetlands for Wastewater Treatment in Europe, Backhuys Publishers, Leiden, The Netherlands, pp. 95–121.

Vymazal J. (2007) Removal of nutrients in various types of constructed wetlands. Science of the Total Environment 380(1-3):48-65.

Vymazal J. (2009) Horizontal sub-surface flow constructed wetlands Ondřejov and Spálené Poříčí in the Czech Republic – 15 years of operation. Desalination 246(1-3):226- 237.

Vymazal J. (2011) Long-term performance of constructed wetlands with horizontal sub-surface flow: Ten case studies from the Czech Republic. Ecological Engineering 37(1):54-63.

Vymazal J. (2013) Emergent plants used in free water surface constructed wetlands: A review. Ecological Engineering 61B:582-592.

Vymazal J., Kröpfelová L. (2008) Wastewater Treatment in Constructed Wetlands with Horizontal Sub-Surface Flow: Springer.

Wahl M.D., Brown L.C., Soboyejo A.O., Martin J., Dong B. (2010) Quantifying the hydraulic performance of treatment wetlands using the moment index. Ecological Engineering 36(12):1691-1699.

Wallace S.D. (2001) Patent: System for removing pollutants from water. United States: US 6,200,469 B1.

Wallace S.D. (2014). Reducing wetland area requirements by using intensification strategies. In: Proceedings of the 14th IWA Specialist Group Conference on Wetland Systems for Water Pollution Control, 4-8 October 2010. IWA: Shangai, China. pp. 54-68.

Wallace S.D., Kadlec R.H. (2005) BTEX degradation in a cold-climate wetland system.

Water Science and Technology 51(9):165-171.

Wallace S.D., Knight R.L. (2006) Small-scale constructed wetland treatment systems: Feasibility, design criteria, and O&M requirements. Water Environment Research Foundation (WERF): Alexandria, Virginia.

Wallace S.D., Liner M.O. (2011) Design and performance of the wetland treatment system at Buffalo Niagara International Airport. International Water Association's Specialist Group on Use of Macrophytes in Water Pollution Control No. 38:36-42.

Wallace S.D., Nivala J. (2005) Thermal response of a horizontal subsurface flow wetland in a cold temperate climate. International Water Association's Specialist Group on Use of Macrophytes in Water Pollution Control No. 29(February 2005):23-30.

WCED (1987). Our Common Future. Report of the World Commission on Environment and Development (Brundtland Report), Oxford University Press, Oxford, UK.

Wießner A., Kappelmeyer U., Kuschk P., Kästner M. (2005) Influence of redox condition on dynamics on the removal efficiency of a laboratory-scale constructed wetland. Water Research 39(1):248-256.

Wu S., Zhang D., Austin D., Dong R., Pang C. (2011) Evaluation of a lab-scale tidal flow constructed wetland performance: Oxygen transfer capacity, organic matter and ammonium removal. Ecological Engineering 37(11):1789-1795.

Yadav A., Dash P., Mohanty A.K., Abbassi R., Mishra B. (2012) Performance assessment of innovative constructed wetland-microbial fuel cell for electricity production and dye removal. Ecological Engineering 47(2012):126-131.

Zhao Y., Collum S., Phelan M., Goodbody T., Doherty L., Hu Y. (2013) Preliminary investigation of constructed wetland incorporating microbial fuel cell: Batch and continuous flow trials. Chemical Engineering Journal 229:364-370.

IWA Publishing's authorised EU representative for General Product Safety Regulations is Diane D'Arras, 15 rue Duret, 75116 Paris, France, e-mail: safety@iwap.co.uk.

Printed and bound by CPI Group (UK) Ltd, Croydon, CR0 4YY
18/09/2026
02219034-0001